混凝土夹心秸秆砌块抗震节能生态宜居村镇建筑

刘福胜　王少杰　著

中国建材工业出版社

图书在版编目（CIP）数据

混凝土夹心秸秆砌块抗震节能生态宜居村镇建筑 /
刘福胜等著 . --北京：中国建材工业出版社，2018.4
ISBN 978-7-5160-2200-9（2019.1重印）

Ⅰ.①混… Ⅱ.①刘… Ⅲ.①农业建筑—混凝土结构
—砌块结构—防震设计 Ⅳ.①TU352. 104

中国版本图书馆 CIP 数据核字（2018）第 062710 号

混凝土夹心秸秆砌块抗震节能生态宜居村镇建筑
刘福胜　王少杰　著

出版发行：中国建材工业出版社
地　　址：北京市海淀区三里河路 1 号
邮　　编：100044
经　　销：全国各地新华书店
印　　刷：北京鑫正大印刷有限公司
开　　本：787mm×1092mm　1/16
印　　张：12.5
字　　数：300 千字
版　　次：2018 年 4 月第 1 版
印　　次：2019 年 1 月第 2 次
定　　价：48.00 元

本社网址：www.jccbs.com　微信公众号：zgjcgycbs
本书如出现印装质量问题，由我社市场营销部负责调换。联系电话：(010)88386906

混凝土夹心秸秆砌块课题组
核心成员

骨干成员：

刘福胜　王少杰

主要研究、撰写人员：

段绪胜　岳　强　任淑霞　范　军　张玉稳　张坤强

徐宗美　路则光　刘　永　马　飞　邱淑军　张顺轲

王宏斌　张　琳　孙　雷　崔兆彦　宋计勇　张慧瑾

吴　聪　武义馨　封凌竹　温福胜　侯少丹　周　涛

史凤凯　岳艺博　孙国彪　刘　康　侯　凯

前　言

伴随新型城镇化、农业现代化、农村经济快速发展，居民改善性住房需求增长，结构抗震安全性与居住舒适性是现代村镇建筑发展的必然要求。我国作为农业大国，每年产生约 7 亿吨农作物秸秆，大量秸秆被焚烧、堆弃，造成严重环境污染和资源浪费；我国同时也处于工业化快速发展进程中，各种工业废料产量存量巨大。如何拓展工农业固体废弃物资源化利用的新途径，是本书撰写的基本出发点；组建跨学科研究团队、解决抗震宜居村镇建筑关键技术、产学研用结合推动研究成果应用为本书的最终落脚点。

砌筑块材、建筑节能、结构抗震是抗震宜居村镇建筑的三个决定性因素。为此，本书首先论述了利用工农业固体废弃物生产制作系列节能砌块的关键技术，包括利用农作物秸秆冷压制备节能且具有吸放湿特性的夹心秸秆压缩砖、利用小麦秸秆研制生物质基复合保温砂浆等；其次，从节能承重一体化、降低热桥效应、免模板施工等角度开展了砌块块型优化与新型砌块研发，提出了多种类型的新型利废节能砌块；伴随研究工作的深入开展，以利废节能砌块为基础，提出了自保温暗骨架承重墙新型抗震村镇建筑结构体系，该种结构体系具有保温隔热性能好、抗震性能优越、施工工艺简单、造价低等优点。

本书是作者和团队成员近十余年来在新型建筑材料与抗震节能村镇建筑结构领域研究成果的总结，全书共分为三篇 10 章。第一篇是混凝土夹心秸秆砌块的研究与开发，包括：第 1 章是关于夹心秸秆块的制备工艺、生产装备、水分挥发规律及质量控制标准研究；第 2 章是关于新型混凝土空心砌块的研发，简要介绍了肋对齐咬合式混凝土空心砌块、保温型混凝土空心转角砌块和保温隔热型混凝土圈梁模板砌块的基本构造和特征；第 3 章介绍了混凝土夹心秸秆砌块的构造与块型优化。第二篇是混凝土夹心秸秆砌块墙保温与节能；第 4 章是关于混凝土夹心秸秆砌块墙体的热工试验、数值模拟与对比分析；第 5 章是关于玻化微珠-小麦秸秆复合保温砂浆、小麦秸秆-镁水泥复合保温砂浆的研制与性能研究；第 6 章是混凝土夹心秸秆砌块墙体热湿传递的试验研究与数值分析。第三篇是混凝土夹心秸秆砌块砌体结构，包括：第 7 章是保温承重型砌块砌体轴压性能研究；第 8 章是节能承重砌块砌体偏压性能研究；第 9 章是节能承重砌块砌体抗剪性能研究；第 10 章是以示范工程为背景，开展自保温暗骨架承重墙结构体系的抗震与节能性能研究。

本书可作为高等院校土木类专业师生研发新材料、新结构的参考书，可应用于村镇建设与设计及性能评价，为新型建材、建筑节能、结构静力性能及抗震性能研究提供有益参考。本书还作为新农村建设过程中的技术参考书，为村镇建筑新型建材与结构体系的研发推广提供直接借鉴。

本书的研究工作得到了住房城乡建设部科研计划项目（2010-K1-27）、山东省科技发展计划项目（2009GG10009060、2012GNC11401、2013GNC11403）、山东省自然科学基金项目（ZR2013EEM002、ZR2017BEE022）、山东省农业重大应用科技创新项目（SDNYCX1531963）、山东省农业科技成果转化资金项目等的资助，作者表示衷心的感谢！

本书成稿得到了很多师长、朋友和同仁的鼓励与支持，他们是：同济大学肖建庄教授、法国里尔大学卞汉兵教授、北京交通大学朱尔玉教授、山东省建筑科学研究院崔士起研究员、青岛理工大学于德湖教授、山东大学王有志教授、山东建筑大学周学军教授、山东科技大学孙跃东教授、山东省工程咨询院李铁增高工等，在此向他们表示衷心感谢！感谢山东路达试验仪器有限公司在设备研发与示范工程建设方面提供的支持！感谢山东农业大学和水利土木工程学院领导和同事的帮助与支持！团队成员段绪胜、岳强、任淑霞、范军、张玉稳、张坤强、徐宗美、路则光等老师直接参与了部分课题研究，在此表示衷心感谢！研究生刘永、马飞、王少杰、邱淑军、张顺轲、王宏斌、张琳、孙雷、崔兆彦、宋计勇、张慧瑾、吴聪、武义馨、封凌竹、温福胜、侯少丹、周涛、史凤凯、岳艺博、孙国彪、刘康、侯凯等先后直接参与了本书的有关研究工作和资料整理，在此一并感谢！本书撰写期间，作者引用或参考了很多国内外同行发表的专著、论文等科研成果与资料，限于篇幅，不能逐一列出，作者特借此机会向各位作者表示由衷感谢！感谢中国建材工业出版社提供出版机会，感谢编辑老师刘京梁的辛勤付出和努力工作！

本书是建立在课题组十余年研究工作基础上的总结，很多成果仅限于作者当前的研究和认知水平，未必成熟；此外，限于作者的水平和能力，书中不足之处在所难免，敬请广大读者批评指正！

刘福胜　王少杰

2018 年 1 月于泰山脚下

目　　录

第一篇　混凝土夹心秸秆砌块的研究与开发

第1章　夹心秸秆压缩块 ………………………………………………………… 3

1.1　夹心秸秆压缩块制备工艺 ……………………………………………… 3

1.1.1　原材料 ……………………………………………………………… 3

1.1.2　加工工艺流程 ……………………………………………………… 3

1.1.3　冷压成型变形 ……………………………………………………… 3

1.2　夹心秸秆压缩块生产装备 ……………………………………………… 4

1.2.1　原理 ………………………………………………………………… 4

1.2.2　结构 ………………………………………………………………… 4

1.2.3　使用方法 …………………………………………………………… 6

1.2.4　示范推广 …………………………………………………………… 6

1.3　夹心秸秆压缩块干燥过程中水分挥发规律研究 ……………………… 6

1.3.1　小麦秸秆压缩块水分挥发规律研究 ……………………………… 6

1.3.2　间距对小麦秸秆压缩块水分挥发规律的影响 …………………… 9

1.4　夹心秸秆压缩块质量控制标准研究 …………………………………… 13

1.4.1　变形量研究 ………………………………………………………… 14

1.4.2　小麦秸秆压缩块蠕变特性研究 …………………………………… 15

1.4.3　小麦秸秆压缩块霉变过程试验研究 ……………………………… 16

1.4.4　秸秆压缩块耐火性能研究 ………………………………………… 19

第2章　混凝土空心砌块 ……………………………………………………… 21

2.1　肋对齐咬合式混凝土空心砌块 ………………………………………… 21

2.2　保温型混凝土空心转角砌块 …………………………………………… 22

2.3　保温隔热型混凝土圈梁模板砌块 ……………………………………… 23

第3章　保温承重型混凝土夹心秸秆砌块 …………………………………… 25

3.1　混凝土夹心秸秆砌块的构造 …………………………………………… 25

3.2　混凝土夹心秸秆砌块块型优化 ………………………………………… 25

3.2.1　热桥的传热形式及传热机理 ……………………………………… 25

3.2.2　优化思路 …………………………………………………………… 26

3.2.3　优化设计考虑的因素 ……………………………………………… 26

3.2.4 材料选用及技术性能 ································ 27

3.2.5 混凝土夹心秸秆砌块的制作 ························ 28

第二篇　混凝土夹心秸秆砌块墙及建筑节能

第4章　混凝土夹心秸秆砌块墙体热工性能 ···················· 31

4.1 混凝土夹心秸秆砌块墙体热工试验 ······················ 31

4.1.1 试验装置 ···································· 31

4.1.2 试验原理 ···································· 32

4.1.3 测试仪器 ···································· 33

4.1.4 测点布置 ···································· 35

4.1.5 墙体砌筑与系统运行 ···························· 36

4.1.6 结果分析 ···································· 37

4.2 混凝土夹心秸秆砌块/墙体稳态传热数值分析 ················ 38

4.2.1 基本理论 ···································· 38

4.2.2 混凝土夹心秸秆砌块/墙体的有限元模型 ·············· 40

4.2.3 混凝土夹心秸秆砌块/墙体温度场分析 ················ 41

4.3 结果与分析 ·· 44

4.3.1 模拟结果与试验数据的对比 ······················ 44

4.3.2 混凝土夹心秸秆砌块内部温度分析 ·················· 45

4.3.3 砌块表面热流分析 ···························· 50

4.3.4 砌块热工性能影响因素分析 ······················ 51

第5章　复合保温砂浆研制及性能研究 ······················ 54

5.1 玻化微珠-小麦秸秆复合保温砂浆 ······················ 54

5.1.1 试验原材料 ·································· 54

5.1.2 试验方法 ···································· 56

5.1.3 小麦秸秆碱处理 ······························ 58

5.1.4 小麦秸秆对水泥砂浆性能的影响 ·················· 61

5.1.5 玻化微珠-小麦秸秆复合保温砂浆正交试验 ············ 63

5.1.6 玻化微珠-小麦秸秆复合保温砂浆配合比优化 ·········· 67

5.2 小麦秸秆-镁水泥复合保温砂浆 ······················ 72

5.2.1 试验原材料 ·································· 72

5.2.2 小麦秸秆-镁水泥复合保温砂浆各因素掺量范围的确定 ···· 73

5.2.3 小麦秸秆-镁水泥复合保温砂浆正交试验 ·············· 79

5.2.4 小麦秸秆-镁水泥复合保温砂浆基础配合比优化 ·········· 83

5.2.5 镁水泥原材料来源分析 ·························· 85

第 6 章　混凝土夹心秸秆砌块墙体热湿传递 ··· 87

　6.1　混凝土夹心秸秆砌块墙体热湿传递试验研究 ································· 87

　　6.1.1　研究对象 ·· 87

　　6.1.2　试验设备 ·· 88

　　6.1.3　传感器的安装 ·· 90

　　6.1.4　试验墙体的砌筑 ·· 91

　　6.1.5　试验方法 ·· 92

　　6.1.6　数据采集 ·· 93

　6.2　试验结果与分析 ·· 93

　　6.2.1　墙体两侧温度不同湿度相同 ···································· 93

　　6.2.2　墙体两侧温度相同湿度不同 ··································· 100

　　6.2.3　墙体两侧温（湿）度均不同 ··································· 102

　　6.2.4　迁移特性分析 ··· 106

　　6.2.5　小结 ··· 109

　6.3　数值模拟 ·· 110

　　6.3.1　复合墙体热湿性能模拟软件 HMCT1.0 ···························· 110

　　6.3.2　试验组 1 模拟与试验结果对比分析 ····························· 111

　　6.3.3　试验组 2 模拟与试验结果对比分析 ····························· 112

第三篇　混凝土夹心秸秆砌块砌体结构

第 7 章　保温承重型砌块砌体轴压性能研究 ·· 117

　7.1　试验设计 ·· 117

　　7.1.1　试验目的 ··· 117

　　7.1.2　试验方案 ··· 117

　7.2　试验现象与结果 ·· 120

　　7.2.1　试验现象 ··· 120

　　7.2.2　试验结果 ··· 123

　7.3　试验结果分析 ·· 124

　　7.3.1　保温承重型砌块砌体抗压强度影响因素分析 ····················· 124

　　7.3.2　砌体抗压强度分析 ··· 124

　　7.3.3　砌体弹性模量分析 ··· 126

　　7.3.4　芯柱插筋与砌块变形分析 ····································· 128

第 8 章　节能承重砌块砌体偏压性能研究 ·· 130

　8.1　H 型节能砌块砌体偏心受压性能试验研究 ························· 130

　　8.1.1　试验概况 ··· 130

      8.1.2　试验装置与加载 ······················· 133

      8.1.3　试验结果及分析 ······················· 134

  8.2　H型节能砌块砌体偏心受压强度计算及工作过程 ······· 142

      8.2.1　影响砌体偏心受压强度的因素 ··············· 142

      8.2.2　砌块砌体抗压强度工作机理分析 ·············· 143

      8.2.3　砌块砌体抗压承载力计算 ·················· 144

  8.3　H型砌块砌体偏心受压有限元分析 ··············· 147

      8.3.1　建模基本理论 ······················· 147

      8.3.2　计算结果与分析 ······················ 151

      8.3.3　公式验证与高宽比 ····················· 157

第9章　节能承重砌块砌体抗剪性能研究 ················ 159

  9.1　试验设计 ·························· 159

      9.1.1　试验方案 ·························· 159

      9.1.2　试件制作与加载 ······················ 159

  9.2　试验结果与分析 ······················ 160

      9.2.1　试件破坏形态 ······················· 160

      9.2.2　破坏过程分析 ······················· 162

  9.3　影响因素与工作机理分析 ·················· 162

      9.3.1　砌块砌体抗剪强度的影响因素 ··············· 162

      9.3.2　砌块砌体抗剪机理分析 ··················· 163

  9.4　抗剪强度计算 ························ 164

      9.4.1　砌块砌体抗剪强度理论模型与公式 ············· 164

      9.4.2　抗剪强度计算公式分析及修正 ··············· 166

第10章　村镇建筑结构抗震与节能 ·················· 168

  10.1　工程概况 ························· 168

  10.2　振动特性测试 ······················ 170

      10.2.1　振动测试方案 ······················ 170

      10.2.2　振动测试结果分析 ···················· 171

  10.3　有限元模型建立 ····················· 172

      10.3.1　材料本构关系的选取 ··················· 172

      10.3.2　单元选取与模型建立 ··················· 173

  10.4　模态分析 ························· 173

  10.5　反应谱分析 ························ 174

  10.6　动力弹塑性分析 ····················· 175

      10.6.1　地震荷载施加与算法选择 ················· 175

      10.6.2　地震作用下结构拉压损伤分析 ··············· 175

      10.6.3　地震作用下结构应力分析 ················· 177

      10.6.4　地震作用下结构应变分析 ················· 179

10.7　保温节能性能测试与评价 ···································· 179

　　10.7.1　试验概况 ·· 179

　　10.7.2　试验结果与分析 ···································· 180

　　10.7.3　DeST 能耗模拟分析 ·································· 183

参考文献 ·· 185

第一篇
混凝土夹心秸秆砌块的研究与开发

第1章 夹心秸秆压缩块

1.1 夹心秸秆压缩块制备工艺

1.1.1 原材料

夹心秸秆压缩块以小麦秸秆、玉米秸秆等农作物秸秆为主要原材料，以石灰浆作为胶粘剂，采用冷压技术制备而成。该种材料可以利用大量农作物秸秆，属生物质基节能建筑材料，具有保温隔热和吸（放）湿等特性，作为夹心材料内置于混凝土空心砌块的孔腔内，可以从根本上解决普通混凝土空心砌块墙体易开裂、保温隔热性能差、不宜居等突出问题。

1.1.2 加工工艺流程

夹心秸秆压缩块采用冷压技术制作，加工工艺流程包括以下步骤：

第一步：量取

量取水和石灰浆，将水加入到石灰浆中充分搅拌成石灰水，再称量粉碎的小麦秸秆。

第二步：拌料

将拌匀的石灰水少量多次地加入到小麦秸秆中，充分拌匀。

第三步：称料

称取拌制均匀的混合料，装入模具，启动秸秆压缩成型机冷压制作夹心秸秆块。

第四步：脱模养护

秸秆压缩成型机保压一段时间后（通常保压 1min），脱模得到夹心秸秆压缩块；随后进入干燥养护环节，自然通风条件下 14d 可达到内置封装条件。

1.1.3 冷压成型变形

冷压成型的原理是借助冷压机对农作物秸秆和石灰浆的混合料施压，混合料内部的空隙随压力的增大而减小，当混合料变形达到一定程度时，大颗粒在压力作用下破裂变成更小的粒子，并发生变形或塑性流动，颗粒开始充填空隙，粒子间更加紧密地接触而互相啮合，使石灰浆与相邻颗粒粘结，经压缩成型得到具有一定形状的压缩块，即夹心秸秆压缩块。

从农作物秸秆纤维与石灰浆的拌合料到具有稳定尺寸的夹心秸秆压缩块，主要包括冷压和干燥工序。其间，压缩块会发生一系列的物理和化学变化，并伴随着一系列的外形尺寸变化。主要的冷压成型变形类型是：

（1）压缩变形

石灰浆和小麦秸秆纤维均匀搅拌后装进模具内，在压机上冷压成型。由于原料是比较均匀一致的，所以在压缩变形中长、宽、高在各自方向上的压缩是均匀的。只是加压方向是垂直向下的，高度方向受到的压力比较大；而长度、宽度方向受到的是侧压力，压力比较小，纤维在三个方向上的压缩比是不同的。在冷压时间内，石灰浆和秸秆纤维主要是机械力混合，伴随有石灰浆的固化带来两者之间的胶合。

（2）弹性恢复变形

弹性恢复变形开始的时间是卸压后的瞬间，持续时间短。在卸压脱模后，由于外加压力的消失，冷压成型的压缩块会发生弹性变形，外形尺寸会增大。这是压缩块发生变形的主要原因之一。相关研究表明，弹性恢复变形在压缩块变形量中占的比重比较大。

（3）固化变形

石灰浆是胶结材料，固化时把小麦秸秆纤维粘结在一起。在固化过程中石灰浆中的氢氧化钙与空气中的二氧化碳发生化学反应生成碳酸钙和水，压缩块尺寸会增加。

（4）蠕变变形

由于压缩块是黏弹性材料，在压力恒定（压力为零）的前提下，随着时间的推移产生蠕变变形。

（5）干缩变形

在干燥过程中，水分蒸发，压缩块尺寸变小。

在不同的时间段内，各种变形影响的比重不同；在同一时间段内，有些变形是同时存在的，有些只有一种变形。前面时间段内发生的变形对后面发生的变形有直接或间接的影响。在冷压时间内，主要是压缩变形；如果冷压时间较长，则伴随有固化变形。在卸压时，主要是弹性恢复变形。在脱模后干燥时，则伴随有固化变形、蠕变变形、干缩变形，三者之间同步发生，共同影响压缩块的变形。

压缩变形会影响到后续的弹性恢复变形、固化变形、蠕变变形、干缩变形。尽管从理论上分析，压力、温度、时间对压缩变形都有影响，但是冷压时间是主要因素。压力使石灰浆分子、水分子和秸秆纤维紧密接触，增大三者的界面面积，促进它们的胶结。但在模具和砌块尺寸一定的前提下，压力主要使小麦秸秆混合料压缩成一定的形状，或者说压力对砌块成型的作用是固定的。温度会影响分子的运动速度从而影响到固化速度。但冷压成型时，温度为大气环境温度，温度从绝对量来说是非常低的，不会使混合料的成分发生质的改变，温度对压缩块最初的成型影响是很小的。而冷压时间对成型的影响较大，时间直接影响到压缩块的塑性变形，而塑性变形是压缩块最终成型的决定因素。所以，对冷压时间与压缩块变形量之间的关系进行研究具有重要意义。

跟踪观察和测试证明，在脱模后的48h内，压缩块外形尺寸会持续发生变化，在干燥48h后，压缩块的外形趋于稳定。并且，脱模后干燥48h时的压缩块尺寸对夹心秸秆压缩块填充具有十分重要的意义，直接影响到秸秆压缩块对混凝土空心砌块的填充效果和保温效果。

1.2　夹心秸秆压缩块生产装备

1.2.1　原理

将粉碎的农作物秸秆、石灰浆和水搅拌均匀，按照一定的压缩比在冷压状态下进行模压成型。其中石灰浆作为胶凝剂具有环保、取材方便、价格低廉的优势，同时由于石灰浆为强碱性又对抑制小麦秸秆压缩块霉变起到了积极效应。

1.2.2　结构

图1-1为半自动秸秆压缩成型机，其结构如图1-2和图1-3所示。

图 1-1   秸秆压缩成型机实物图

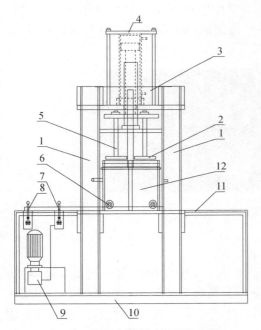

图 1-2   秸秆压缩成型机侧立面图

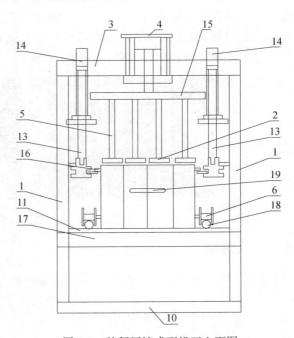

图 1-3   秸秆压缩成型机正立面图

　　秸秆压缩成型机由立柱（1）、压头（2）、上横梁（3）、压缩用油缸（4）、压杆（5）、滚轮（6）、脱模用油阀开关（7）、加载用油阀开关（8）、油泵（9）、底座（10）、底板（11）、模具（12）、油缸伸缩杆（13）、脱模用油缸（14）、分配梁（15）、模具两侧的突出钢板（16）、中间横梁（17）、导轨（18）、把手（19）等部分组成。

　　立柱（1）与上横梁（3）、中间横梁（17）、底座（10）焊接在一起，组成整个结构的支撑体系，放置在坚硬且平整的地面上；上横梁（3）上部安装有压缩用油缸（4），压缩用油缸（4）通过分配梁（15）和压杆（5）把荷载作用在 8 个压头（2）上，压缩用油缸（4）由加载用油阀开关（8）控制；压杆（5）的长度可以通过压杆上端的螺母调节，压头（2）也可根据实际需要灵活更换。

模具（12）由8个箱筒组成，用10mm厚钢板焊接而成，模具（12）的尺寸根据加工秸秆砖的尺寸确定；在模具（12）运动方向的侧面上安装有把手（19），模具（12）下方安装有滚轮（6），通过把手（19）完成模具（12）在导轨（18）上的运动；在模具（12）另外两个侧面上安装有对称的突出钢板（16），油缸伸缩杆（13）通过端部的C形口带动突出钢板（16）所连接的模具（12）上下运动，脱模用油缸（14）由脱模用油阀开关（7）控制。

压缩用油缸（4）和脱模用油缸（14）由油泵（9）提供动力，分别由油阀开关（8）和（7）控制；油阀开关（8）和（7）安装在机器的控制区，与控制区对称的区域为操作区。

立柱（1）、底座（10）由槽钢制作，上横梁（3）、中间横梁（17）由方钢制作，压杆（5）、导轨（18）由实心圆钢制作，压头（2）、模具（12）、分配梁（15）由厚度不等的钢板制作。

1.2.3　使用方法

将模具（12）从导轨上拉出，然后将拌和好的夹心秸秆压缩块原料倒入模具箱桶中，再将装满原料的模具推回原位，使8个压头和箱筒的口径重合。拉动加载用油阀开关（8），由油泵提供动力使压头慢慢下压加载，达到加载要求后关闭油阀开关，对材料保压一段时间（1min）后，拉动脱模用油阀开关（7），由油泵提供动力使模具缓慢上升，由于压头的阻力，秸秆压缩块无法上升，脱模成功，如图1-4所示。

图1-4　夹心秸秆压缩块脱模过程

1.2.4　示范推广

秸秆压缩成型机提高了砌块的生产质量和效率，解决了工业化推广与应用的设备障碍。为进一步提高秸秆压缩成型机生产效率，在第一代生产机具研发基础上，研发了第二代生产机具，即全自动秸秆压缩成型机，如图1-5所示。经过生产检验发现，研发的两代秸秆压缩成型机，不仅结构简单、使用方便，而且稳定性好、生产效率高、造价低，已取得一定的市场。

1.3　夹心秸秆压缩块干燥过程中水分挥发规律研究

1.3.1　小麦秸秆压缩块水分挥发规律研究

（1）方法与目的

在具体施工过程中，小麦秸秆压缩块的含水率对墙体的保温隔热性能有显著影响，如果压缩块不经干燥就用于建筑墙体中，会因与混凝土砌块的水分挥发不同步而造成干缩裂缝，

图 1-5　全自动秸秆压缩成型机

且这种裂缝是不可逆的；并且，小麦秸秆压缩块只有在干燥完成之后，才能进行其各项力学性能方面的测试。小麦秸秆压缩块的水分挥发对于实际工程有很大的意义，因此本部分就小麦秸秆压缩块干燥过程中的水分挥发规律进行专门探讨。

脱模后的小麦秸秆压缩块放在大气环境中干燥，每隔 1d 用精密天平测试压缩块的质量，直至质量恒定为止；连续测量 26d。同时，每天用干湿球温度计测试并记录干燥环境中的大气温度和相对湿度。

（2）水分挥发机理

挥发一般指水分在没有达到沸点的情况下成为气体分子而溢出液面。在干燥过程中，小麦秸秆压缩块中的水分会随着时间的推移而不断地变成气体挥发到空气中，同时，空气中的水分也会不断浸入到小麦秸秆压缩块中，这两个过程持续不断地进行着。当压缩块内的含水率大于大气平衡含水率时，从压缩块表面向空气中挥发的水分子的数量远远大于由空气向压缩块内部进入的水分子的数量，压缩块得以干燥；反之，小麦秸秆压缩块会"吸湿"。两者交替进行，小麦秸秆压缩块中的水分不断挥发，质量不断变化，直至质量恒定为止。

（3）干燥条件研究

由图 1-6、图 1-7 知，小麦秸秆压缩块干燥温度范围是 20～30℃，相对湿度范围为 40％～75％。

（4）水分挥发率规律研究

由图 1-8 可知，小麦秸秆压缩块随着干燥时间的推移，大量水分散失，基本呈线性上升趋势。前 2d 时间段内挥发速度很快，挥发率将近 15％，究其原因是因为这两天温度高，而空气湿度不是很高，而这个时候刚制成的小麦秸秆压缩块中的水分含量相当大；2～15d 时间段内挥发速度平稳上升，在 16d 时速度有个小幅快速的提高，跟当天的空气湿度相对较低有关；15d 以后趋于平缓，基本变化量很小，水分基本挥发完毕，可以预测 26d 后小麦秸秆压缩块的质量不会发生大的变化。

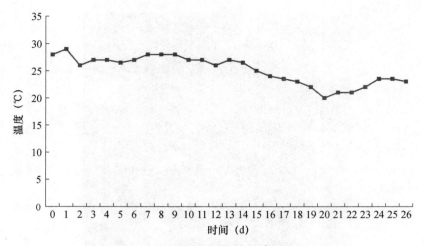

图 1-6　小麦秸秆压缩块的干燥温度

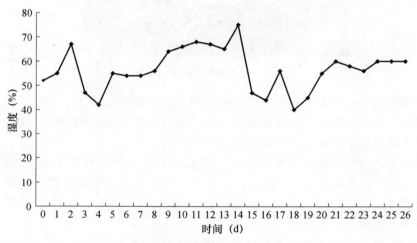

图 1-7　小麦秸秆压缩块的干燥相对湿度

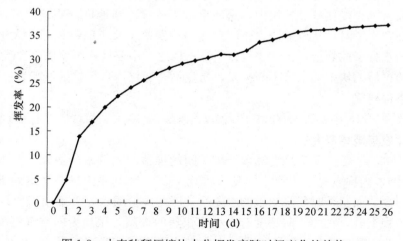

图 1-8　小麦秸秆压缩块水分挥发率随时间变化的趋势

（5）水分挥发速度规律研究

由图 1-9 可知，小麦秸秆压缩块随着干燥时间的推移，每天的挥发速度基本呈减小的趋势。前 2d 时间段内挥发速度很快，每天的挥发速度直线上升，1d 时将近 5%，2d 时上升到 9%，也是整个干燥过程中水分挥发速度最大的一天，此时的空气温度较高，而制成的小麦秸秆压缩块中的水分含量很高，挥发到空气中的水分大于空气沁入到小麦秸秆压缩块中的水分；折点发生在第 3d，这时的空气温度有所降低，挥发率直线下降到 3%，此后的第 4d 基本没有发生变化，5d 时间段内挥发速度平稳下降到 1% 以内，16d 时速度有个小快速的提高，跟当天的空气湿度突然降低有很大的关系；17～19d 时间段内每天的水分挥发速度又下降到 1% 左右；20d 以后趋于平缓，变化量很小，每天的水分挥发速度都趋近于 0，至此小麦秸秆压缩块水分基本散失完毕。

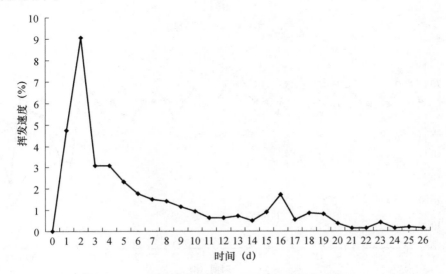

图 1-9　小麦秸秆压缩块挥发速度随时间变化的趋势

1.3.2　间距对小麦秸秆压缩块水分挥发规律的影响

在小麦秸秆压缩块的保存过程中，间距对砌块的含水率及水分挥发有着显著影响。如果对间距不进行任何处理，在温度和湿度都适宜的环境中，小麦秸秆压缩块易发生霉变现象。这直接影响了小麦秸秆压缩块的保温隔热性能。

在室温环境中，用测重法每日测试不同间距的小麦秸秆压缩块的水分挥发质量，计算其水分挥发率和挥发量，并比较不同间距压缩块的水分挥发速度，研究间距对小麦秸秆压缩块水分挥发规律的影响。

（1）干燥条件研究

小麦秸秆压缩块的干燥温度范围是 20～30℃，相对湿度范围为 25%～80%，室内风速为 0～0.5m/s，室内温度和湿度变化曲线如图 1-10 和图 1-11 所示。

（2）长度间距对压缩块干燥技术影响

小麦秸秆压缩块冷压成型脱模后，将每 12 块秸秆压缩块分为一组，共分 5 组，压缩块的长度为 L，宽度为 W。压缩块干燥过程中宽度间距 W 保持不变，其长度间距分别为 $0.37L$、$0.58L$、$0.79L$、$1.00L$、$1.21L$，每隔 1d 用天平测量每组中间 2 块的质量（以避免外环境对

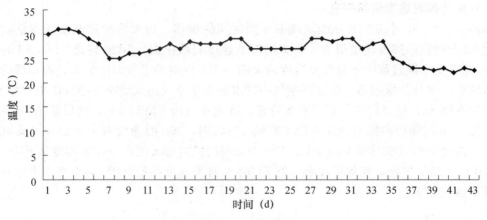

图 1-10　干燥温度

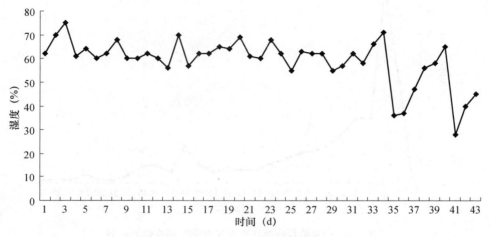

图 1-11　相对湿度

周边压缩块间距的影响），直至质量基本恒定为止。同时，记录环境的温度、湿度及风速，干燥矩阵如图 1-12 所示，每隔一天测量编号为 6、7 的秸秆压缩块。

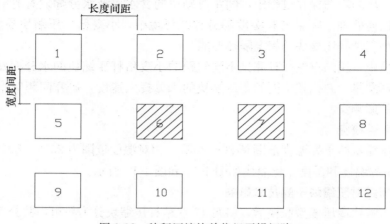

图 1-12　秸秆压缩块单位组干燥矩阵

宽度间距保持不变，不同的长度间距的小麦秸秆压缩块水分挥发率如图 1-13 所示。

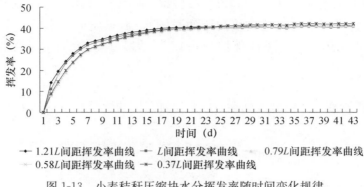

图 1-13　小麦秸秆压缩块水分挥发率随时间变化规律

由图 1-13 可知，0～22d 时间段内，间距为 1.21L 和 L 的压缩块挥发量明显大于其他间距压缩块的挥发量，这是由于压缩块间距大，压缩块周围空气流通好，相对空气湿度要比间距紧凑的压缩块外围空气湿度小得多，压缩块的含水量与空气湿度相差较大。23d 以后，压缩块挥发量没有大的波动，各间距砌块都逐渐达到最大挥发量，可见，间距的不同并没有影响压缩块最后的挥发量，最后都在 40% 左右。

宽度间距保持不变，不同的长度间距的小麦秸秆压缩块水分挥发速度如图 1-14 所示。

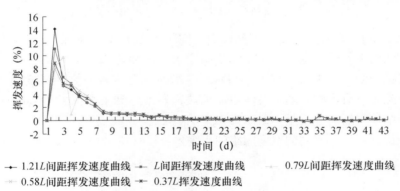

图 1-14　小麦秸秆压缩块挥发速度随时间变化规律

由图 1-14 知，在开始的 2d 中，各砌块挥发速度直线上升，这是由于小麦秸秆压缩块中的水分含量很高，挥发到空气中的水分远大于空气沁入到小麦秸秆压缩块中的水分。挥发速度随着压缩块间距的增大而明显增大，间距为 1.21L 的压缩块挥发速度在第一天达到 14% 以上，而间距为 0.37L 的砌块只有 9% 左右。2d 后，由于压缩块中大量水分挥发到空气中，压缩块含水量明显降低，和周围空气相对湿度差逐渐减小，导致挥发速度明显减小。4d 以后，间距对挥发速度的影响很小，各压缩块的挥发速度大致相同，逐渐减小。直到 23d 以后，各压缩块挥发速度在 0 线上下浮动，这是因为压缩块已到达最大挥发量，水分散失基本完毕。当压缩块内水分含量大于空气中的水分含量时，水分从压缩块内部挥发到空气中；当压缩块内水分含量小于空气中的水分含量时，水分从空气沁入到压缩块中，即挥发速度在 0 线以下出现负值。

（3）宽度间距对压缩块干燥技术影响

小麦秸秆压缩块冷压成型脱模后，取 60 块新的秸秆压缩块，将每 12 块秸秆压缩块分为一组，共分 5 组，压缩块的长度为 L、宽度为 W。压缩块干燥过程中长度间距 L 保持不变，其宽度间距分别为 $1.17W$、W、$0.83W$、$0.67W$、$0.5W$，每隔 1d 用天平测量每组中间 2 块的质量（以避免外环境对周边砌块间距的影响），直至质量基本恒定为止。同时，记录环境的温度、湿度及风速，干燥矩阵如图 1-12 所示，每隔 1d 测量编号为 6、7 的秸秆压缩块。

试验结果：

长度间距保持不变，不同宽度间距的小麦秸秆压缩块水分挥发率如图 1-15 所示。

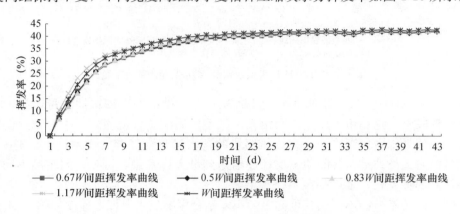

图 1-15　小麦秸秆压缩块水分挥发率随时间变化规律

同样，由图 1-15 可知，0～23d 时间段内，间距为 $1.17W$ 和 W 的压缩块挥发量明显大于其他间距压缩块的挥发量，这是由于压缩块间距大，压缩块周围空气流通好，相对空气湿度要比间距紧凑的压缩块外围空气湿度小得多，压缩块的含水量与空气湿度相差较大。23d 以后，压缩块挥发量没有大的波动，各间距压缩块都逐渐达到最大挥发量，可见，间距的不同并没有影响压缩块最后的挥发量，最后都在 40% 左右。

长度间距保持不变，不同的宽度间距的小麦秸秆压缩块水分挥发速度如图 1-16 所示。

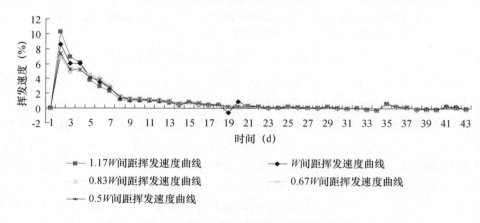

图 1-16　小麦秸秆压缩块挥发速度随时间变化规律

由图 1-16 可知，在开始的 2d 中，各压缩块挥发速度直线上升，这是由于小麦秸秆压缩块中的水分含量很高，挥发到空气中的水分远大于空气浸入到小麦秸秆压缩块中的水分。挥发速度随着压缩块间距的增大而明显增大，间距为 $1.17W$ 的压缩块挥发速度在第 1d 达到

10％以上，而间距为 0.5W 的砌块只有 7％左右。2d 后，由于砌块中大量水分挥发到空气中，压缩块含水量明显降低，和周围空气相对湿度差逐渐减小，导致挥发速度明显减小。4d 以后，间距对挥发速度的影响很小，各压缩块的挥发速度大致相同，逐渐减小。直到 23d 以后，各压缩块挥发速度在 0 线上下浮动，这是因为压缩块已到达最大挥发量，水分散失基本完毕。当压缩块内水分含量大于空气中的水分含量时，水分从压缩块内部挥发到空气中；当压缩块内水分含量小于空气中的水分含量时，水分从空气浸入到压缩块中，即挥发速度在 0 线以下出现负值。

（4）小结

1）小麦秸秆压缩块干燥的前期过程，长度间距越大，水分挥发率越大，随着压缩块含水率的减少，不同间距的压缩块挥发率逐渐平衡，趋于 40％～45％。

2）小麦秸秆压缩块干燥的前期，水分挥发速度随间距的增加而增长较快，2d 后由于含水量的减少，各间距压缩块的挥发速度均大幅度减小，并逐渐趋于平稳，4d 以后，间距对挥发速度的影响很小。

3）在干燥 23d 以后，不同间距压缩块均达到最大挥发量，水分散失基本完毕。

在小麦秸秆压缩块的干燥过程中，前 4d 长度间距应尽量扩大，加快砌块的干燥进度，4d 以后可以适量减小压缩块的保存间距，如图 1-17 所示，可节省存放空间，对大规模的工业化生产有着深远的意义。

图 1-17　4d 后秸秆压缩块干燥过程

1.4　夹心秸秆压缩块质量控制标准研究

系统研究秸秆压缩块的保温隔热、防火、霉变、耐久、蠕变等物理力学性能，在此基础上对配比进行优化设计，提出适于工业化生产的最佳配比和研发秸秆压缩成型机的主要技术指标。

1.4.1 变形量研究

干燥 48h 的压缩块，长、宽、高尺寸几乎保持稳定，所以，以脱模后干燥 48h 时的长、宽、高尺寸变化量作为衡量压缩块最终的变化量指标，以相对变形量来说明。所谓相对变形量是指在大气环境下干燥 48 时秸秆压缩块的变形量，用变形的绝对量与压缩块在压时的尺寸之比来表示。相对变形量是因压力卸除而产生的弹性变形、因时间而产生的蠕变变形和因水分蒸发而产生的干缩变形相互作用的结果。弹性变形和蠕变变形会使压缩块尺寸变大，干缩变形从理论上来讲会使尺寸变小。

（1）长度

由图 1-18 知，压缩块长度方向变形量介于 0.36％至 3.22％之间，平均为 1.25％，标准差为 1.17％。在 2～6h 内，变形量随着冷压时间的增大而减小，这是因为冷压时间越长，伴随压缩变形的固化变形就越大，而固化变形又经过压缩，最终表现出的变形量就小。同时，冷压时间越长，颗粒间紧密接触的时间越长，从而有利于压缩块的固化。在 6～12h 内，变形量随着冷压时间的延长而增大，这是因为冷压时间越长，尽管固化变形的变形量会较小，但压缩变形对后续的弹性恢复变形和蠕变变形的影响越大，最终表现出的变形量就大。

（2）宽度

压缩块宽度方向变形量介于 0 至 2.92％之间，平均为 1.18％，标准差为 1.22％。在 2～6h 和 8～10h 内，变形量随着冷压时间的增大而减小，原因同上。至于变形量在冷压时间为 8h 时最大，则需要在以后的试验中进行下一步的探讨。

（3）高度

压缩块高度方向变形量介于 1.47％至 12.65％之间，平均为 5.59％，标准差为 3.94％，总的趋势为冷压时间越长变形量越小。原因同上所述。

由图 1-18 可以看出，高度方向变形量与冷压时间呈较为明显的线性负相关关系，表达式可表示为：

$$y = -1.933x + 12.353$$
$$R^2 = 0.8418 。$$

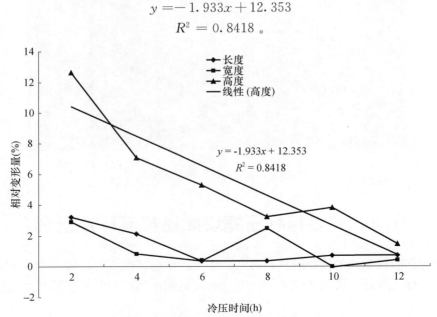

图 1-18　相对变形量与冷压时间之间的关系

式中　y ——为高度方向相对变形量（％）；

　　　X ——为冷压时间（h）；

　　　R^2 ——为相关系数。

由图 1-18 可知，冷压时间相同时，压缩块高度方向的变形量最大，长度和宽度方向的变形量接近，所以，在评价压缩块的尺寸稳定性时应主要考虑高度方向的变形量。这主要是因为压缩块在成型过程中垂直向下加压，高度方向受到的压力最大，长度和宽度方向上只受到很小的侧压力。卸压后，在受压缩幅度最大的高度方向上压缩块的瞬间弹性变形最大。

1.4.2　小麦秸秆压缩块蠕变特性研究

（1）变形机理分析

在卸压脱模后，由于外加压力的消失，冷压成型的压缩块会发生弹性变形，外形尺寸增大。这是压缩块发生变形的原因之一。

在干燥过程中，由于压缩块是黏弹性材料，随着时间的推移而产生蠕变变形，这是压缩块发生变形的原因之二。

以石灰浆作为胶结材料把小麦秸秆纤维粘结在一起，在固化过程中石灰浆中的氢氧化钙与空气中的二氧化碳发生化学反应生成碳酸钙。在干燥过程中，水分蒸发，压缩块的尺寸会发生变化。这是压缩块发生变形的第三个原因。

（2）三维尺寸蠕变规律研究

小麦秸秆压缩块是黏弹性物质，砌块在卸压后，处于没有压力的自然状态，随着时间的推移而产生的变形属于蠕性变形。以时间为横坐标，以蠕变相对变形量为纵坐标绘制压缩块的蠕变变形曲线。所谓蠕变相对变形量是指压缩块在脱模后尺寸变化的绝对量与发生弹性变形后的压缩块外形尺寸之百分比。图 1-19 中高度、宽度、长度的变形曲线就是三维尺寸蠕变曲线。

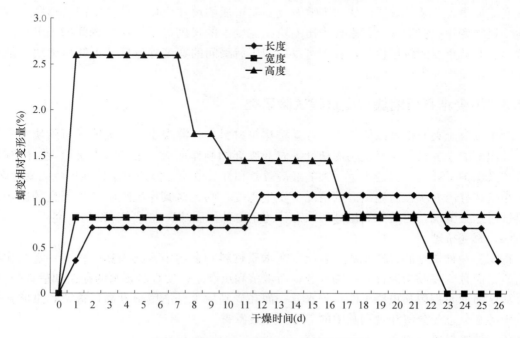

图 1-19　压缩块三维尺寸蠕变变形规律图

高度方向蠕变变形量在第 1d 是最大的，这主要是由于内应力逐步释放从而使压缩块增高。在 1～7d 内，蠕变变形量保持不变，这说明内应力的释放速度比较均匀。在第 8d，蠕变变形量急剧减小，这证明在第 8d 时，内应力的释放速度急剧减慢，另外由于水分蒸发而使尺寸缩小的影响逐步显现。2d 后，在第 10d 时，蠕变变形量进一步减少，这表明因水分蒸发而造成的尺寸变化已超过了内应力释放而产生的影响。在第 10～16d 时间范围内，水分蒸发继续进行，只是挥发的速度降低，秸秆内部的含水率接近大气平衡含水率，压缩块的尺寸几乎保持不变。在第 17d 时，蠕变出现拐点，此时蠕变变形量达到最小值，并在以后的 10d 后，蠕变变形量保持恒定，压缩块的尺寸不再缩小。最终的蠕变变形量是大于零的，这是塑性变形，也叫弹性后效变形，这部分的变形是不可恢复的。这是因为此时内应力的影响已不存在，没有因此而产生的变形量；起作用的是含水率的变化对压缩块尺寸的影响，由于压缩块内含水率与大气环境的平衡含水率达到一致，尽管水分交换继续进行，但对尺寸变化量的影响是恒定的，宏观表现为蠕变量保持恒定，压缩块尺寸保持不变。从理论上分析，在 26d 以后的时间内，蠕变变形量会随着外界大气平衡含水率的变化而变化，但是在特定地区内，一年中的大气平衡含水率会保持在某一个值附近，所以压缩块的变形量也会围绕在某个值上下轻微的变化。宽度方向蠕变曲线与高度方向相类似，只是属于更明显地三段式蠕变曲线，这主要是因为压缩块在成型过程中是垂直向下加压，高度方向受到的压力最大，宽度方向上只受到很小的侧压力。卸压后，积聚在宽度上的内应力要小。由图 1-19 可知，由内应力而产生的变形量在第 1d 时就达到了最大值。在接下来的 20d 内，蠕变量保持不变，这是因为在这段时间内，因内应力释放而产生的尺寸膨胀值与因水分蒸发而造成的尺寸干缩值达到平衡。在第 22d 时，蠕变量发生了减小的趋势，这表示因水分蒸发而造成的尺寸"干缩效应"超过了因内应力释放而产生的"膨胀效应"。第 23d，宽度蠕变量出现了拐点，此时蠕变变形量达到最小值，并在以后的 3d，蠕变变形量保持恒定，压缩块的尺寸不再缩小。原因同上所述。最终的蠕变变形量等于零，表明砌块"干缩效应"而造成的尺寸变化已补偿了因"膨胀效应"而产生的尺寸变化。在宏观上就表现为压缩块在宽度上的尺度等于卸压后瞬间的外形尺寸。这个规律有非常重要的应用价值，我们可以从卸压后瞬间的宽度外形尺寸得知压缩块的最终恒定尺寸，从而指导生产。

1.4.3　小麦秸秆压缩块霉变过程试验研究

纤维混凝土夹心秸秆砌块作为一种新型建筑材料，是混凝土和小麦秸秆压缩块结合的产品，其内部的小麦秸秆压缩块利用秸秆等农业废弃物制作而成，市场需求潜力大，既利用了资源，又保护了环境，将会产生巨大的经济效益和社会效益。但是由于外界环境的变化多样，如果小麦秸秆压缩块在高温高湿的情况下发生霉变，则会对其保温隔热产生不良的影响，本小节针对这一情况，对处于高温高湿状态下的小麦秸秆压缩块进行了详细的研究。

(1) **霉变机理**

霉变是一种常见的自然现象，多出现在木质材料和食物中，因为其中含有一定的淀粉和蛋白质，而且或多或少地含有一些水分，而霉菌和虫卵生长发育需要水的存在和适宜的温度。水分活度值低时霉菌和虫卵不能吸收水分，而在受潮后水分活度值升高，霉菌和虫卵就会吸收其中的水分进而分解和食用其中的养分，导致发霉。

(2) **试验材料与设备**

材料：小麦秸秆压缩块、混凝土空心砌块、孟加拉红培养基、青霉素溶液、链霉素溶液。

设备：THP-F-225 型恒温恒湿试验箱、ZDX-35BI 型座式自动电热压力蒸汽灭菌器、LRH-250A 生化培养箱、洁净工作台、培养皿若干。

（3）试验方法

1）将完全干燥后的小麦秸秆压缩块塑封，然后装入混凝土空心砌块中，制成纤维混凝土夹心秸秆压缩块砌块，如图 1-20 所示。

图 1-20　小麦秸秆压缩块的装封过程

2）待混凝土砌块封口完全干燥后，用恒温恒湿箱来模拟高温高湿环境，将纤维混凝土夹心秸秆压缩块砌块放入其中（温度为 30℃，相对湿度为 90％），培养 10d，如图 1-21 所示。培养结束后，将纤维混凝土夹心秸秆压缩块砌块中的小麦秸秆压缩块取出，观察发霉等级。

图 1-21　THP-F-225 型恒温恒湿箱

3）从培养后的小麦秸秆压缩块表面均匀刮下小麦秸秆粉末，取其样本。连同小麦秸秆压缩块的制作原料（小麦秸秆）分别经平板菌落计数法进行试验，测量其霉菌数量，研究变化规律。具体操作如下：

①灭菌

配制培养基并灭菌，用三角瓶装入 45mL 去离子水灭菌备用，用试管装入 9mL 去离子水灭菌备用，移液管、培养皿等灭菌备用。

②微生物平板稀释分离

微生物平板稀释分离的过程为：检样，做成几个适当倍数的稀释液，选择 2～3 个适宜稀释浓度，各以 1mL 分别加入灭菌平皿内，平皿内分别加入培养基混匀，在 30℃下培养 4d，菌落计数，报告。

③检样稀释及培养操作步骤

a. 将盛有 45mL 无菌水的三角瓶（内含玻璃珠）、9mL 无菌水的试管、灭菌培养皿、移液器（移液嘴）、酒精灯等放在洁净工作台上，紫外灭菌 30min；

b. 将孟加拉红培养基在微波炉里加热熔化后，在恒温水浴（46℃）中保温；

c. 每种样品取 5g 于 45mL 灭菌水的三角瓶内，充分振荡后即为 1：10 的均匀稀释液；

d. 用移液器吸取 1：10 稀释液 1mL，沿管壁缓缓注入装有 9mL 灭菌水的试管内，振荡试管，使稀释液混合均匀，做成 1：100 的均匀稀释液；

e. 按照上述操作顺序，依次再做 1：10^3、1：10^4 的稀释液；

f. 按照稀释度由高到低的顺序，用移液器吸取各稀释液 1mL 于灭菌平皿内，每个稀释浓度做三个重复；

g. 尽快向上述盛有不同稀释度菌液的平皿中倒入培养基，每皿约 15～20mL，在水平位置迅速转动平皿，使培养基与菌液混合均匀；

h. 待培养基凝固后，在 30℃ 的霉菌恒温培养箱中培养 4d 后计数。

（4）霉变条件研究

在霉菌试验中，霉菌生长的适宜条件是：温度在 30℃ 左右，相对湿度在 90％ 以上。同时，微量的风有促进霉菌生长繁殖的作用。

将小麦秸秆压缩块放入恒温恒湿箱中培养，将箱内温度设为 30℃，相对湿度为 90％，箱内的风机可以提供 0.3～1m/s 的风速，让微量的风起到均匀箱内的温湿度、传播霉菌孢子的作用，以利于霉菌生长繁殖。

（5）试验结果研究

霉变试验后，霉变的程度以长霉等级来评定。长霉结果的等级评定，是对试验样品长霉情况，如长霉的覆盖面积、长霉的长势等的客观描述，大致分为 4 或 5 个等级。本试验首先采取观察长霉等级的方法来确定霉变程度，表 1-1 是根据国家军用标准《军用装备实验室环境实验方法》（GJB 150—2009）试验标准评定长霉情况。

表 1-1　长霉等级评定标准

长霉等级	长霉程度	霉菌覆盖面积/％	霉菌生长情况
0	未见长霉	0	无霉菌生长
1	微量长霉	1～10	霉菌生长和繁殖稀少或有限
2	轻微长霉	11～30	霉菌有断续蔓延或有松散分布着菌落，霉菌中等程度繁殖
3	中等长霉	31～70	霉菌较大量生长和繁殖，试件呈化学、物理或结构上的变化
4	严重长霉	71～100	霉菌大量生长和繁殖，试件被分解或迅速变质

培养结束后，将纤维混凝土夹心秸秆压缩块砌块中的小麦秸秆压缩块取出，如图 1-22 所示，观察发霉等级，并与培养前相比较，如图 1-23 所示。发现小麦秸秆压缩块并没有长霉情况，根据国家军用标准《军用装备实验室环境实验方法》（GJB 150—2009）试验标准长霉情况评定为 0 等级，即无霉菌生长。

经平板菌落计数法进行试验，各样本的结果见表 1-2。

表 1-2　各样本的霉菌数

序号	试验名称	霉菌数（个/克）
1	小麦秸秆原料	无菌落产生
2	经培养后纤维混凝土夹心秸秆压缩块砌块中取出的小麦秸秆压缩块	无菌落产生

从以上结果可以看出，纤维混凝土夹心秸秆压缩块砌块在高温高湿的环境中并没有导致内部的小麦秸秆压缩块发生霉变现象，这是由于塑封后的纤维混凝土夹心秸秆砌块可以有效

图 1-22　培养后小麦秸秆压缩块的状态

图 1-23　培养前小麦秸秆压缩块的状态

地防止水分的进入，抑制了霉菌的生长繁殖。

（6）小结

1）将塑封后的混凝土夹心秸秆砌块在高温高湿的环境中培养后，观察外观并没有发现霉变现象。根据国家军用标准《军用装备实验室环境实验方法》（GJB 150—2009）试验标准长霉情况评定为 0 等级，即无霉菌生长。

2）经平板菌落计数法测量，研究发现塑封后的混凝土夹心秸秆砌块以及小麦秸秆原料内并无霉菌产生，这说明混凝土夹心秸秆砌块里面的小麦秸秆压缩块在高温高湿环境下并没有发生霉变，其原因是秸秆压缩块外面的塑封膜以及混凝土对其起到了隔离水分的作用，同时秸秆压缩块用石灰浆作为胶凝剂，石灰浆为强碱性，有效地抑制了霉菌的生长。

由以上结论可以看出，纤维混凝土夹心秸秆砌块在高温高湿环境中并没有导致内部的小麦秸秆压缩块发生霉变，可以广泛应用于实际工程，对纤维混凝土夹心秸秆砌块的推广有着重要意义。

1.4.4　秸秆压缩块耐火性能研究

秸秆压缩块的耐火性能是极易引起人们关注的性能之一。众所周知，松散的秸秆很容易燃烧，耐火性能极差。燃烧试验表明，经压缩密实后的秸秆压缩块，具有良好的耐火性能。这是因为，经压实后的秸秆压缩块有效阻断了燃烧所需要的氧气，内部无机胶凝材料（石灰）亦有效阻断了火势的蔓延。更重要的是，当秸秆压缩块燃烧后，会在其表明形成一碳化层，这层碳化层有效隔离了内部秸秆的继续燃烧。

为测试秸秆压缩块的抗火性能，开展了耐火试验，如图 1-24（a）所示。试验中，干燥的秸秆压缩块直接承受高温乙炔喷枪 5min 的高温烧失，之后会形成如图 1-24（b）所示的碳化层。乙炔喷枪持续加热，秸秆压缩块并没用燃烧，而是在其表明最终形成厚度为 2mm 的碳化层。实际应用过程中，秸秆压缩块被填充在不易燃烧的混凝土空心砌块的空腔内，不可能承受如此长时间高温的持续燃烧。因此，经过压缩后的秸秆压缩块具有优良的抗火性能，满足工程应用要求。

(a)耐火试验 (b)高温烧失后形成的碳化层

图 1-24　秸秆压缩砖耐火性能

第2章 混凝土空心砌块

2.1 肋对齐咬合式混凝土空心砌块

肋对齐咬合式混凝土空心砌块由水泥细石混凝土材料制作，其特征在于混凝土空心砌块四条边肋的上下表面分为凹凸两部分，上面四边肋内凸外凹，下面四边肋外凹内凸。每块混凝土空心砌块为双空心或单空心，双空心混凝土砌块的左右边肋相等，且左右边肋宽度之和等于中间肋的宽度。通过肋对齐咬合方式提高墙体竖向承载力、抗剪能力，改善抗震抗裂性能，解决外墙渗水等问题。

肋对齐咬合式混凝土空心砌块具有如下特征：肋与肋对齐，传力更加明确，增加肋的有效宽度，提高墙体竖向承载力；砌块之间通过互相咬合，提高抗剪能力；有效解决外墙渗水现象；在混凝土砌块的空心内放置保温材料，改善墙体保温节能效果。

本砌块设计的主要内容是：在混凝土空心砌块的上下四条边肋上，上边肋设计加工为内凸外凹，其凸出的高度即是凹下的深度，凸出的肋面宽度占整个肋面宽度的2/5；下边肋设计加工为外凸内凹，凸凹深度和宽度与上边肋相同。另外，混凝土空心砌块可设计为双空心或单空心，其上下四边肋的设计与上述相同。边肋宽一般在2～3cm，中间肋宽一般在4～6cm，凹凸部分高度一般在1～1.5cm。图2-1至图2-3分别为肋对齐咬合式混凝土空心砌块的平面图、剖面图及组砌图。

本发明能够有效提高墙体竖向承载力和抗剪能力，本砌块适用于建筑物承重墙和非承重墙，保温节能、施工简便、造价低，且抗震、抗渗和抗裂性能得到改善。

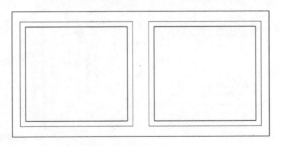

图 2-1 肋对齐咬合式混凝土空心砌块的平面图

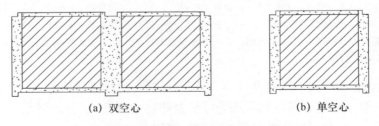

(a) 双空心   (b) 单空心

图 2-2 肋对齐咬合式混凝土空心砌块的剖面图

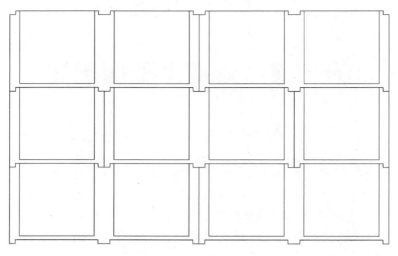

图 2-3　肋对齐咬合式混凝土空心砌块组砌图

2.2　保温型混凝土空心转角砌块

混凝土空心砌块在砌筑外墙 L 型转角时，根据《建筑抗震设计规范》（GB 50011—2010）及《混凝土小型空心砌块建筑技术规程》（JGJ/T 14—2004）等规范要求，转角部位至少需灌注三个竖孔形成芯柱，导致转角处墙体热桥效应非常显著，是混凝土空心砌块建筑能量损耗的重要部位之一。因此，研发了一种新型保温型混凝土空心转角砌块，很好地解决了墙体转角处的热桥问题。

图 2-4 所示分别为该保温型混凝土空心转角砌块的俯视图和透视图。

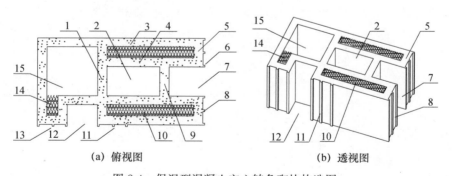

(a) 俯视图　　　　　　　　　　(b) 透视图

图 2-4　保温型混凝土空心转角砌块构造图

图 2-4 至 2-5 中：1-砌块长肋；2-砌块中孔；3-外层壁；4-内层壁；5-侧肋；6-企口；7-开口；8-侧肋；9-横肋；10-侧孔；11-凹口企口；12-侧壁凹口；13-凹口企口；14-单层壁封闭孔洞填置保温材料部位；15-L 形孔洞；16—轴线接砌普通砌块；17-墙体转角处阴角；18-垂直轴线接砌普通砌块

该转角砌块在长度方向一端有开口（7），开口（7）的两侧壁均为双层，对称布置，双层壁端部通过侧肋（5）相连；另一端采用单层壁封闭形成竖孔（15），竖孔一侧壁内凹形成凹口（12）；开口端（7）和封闭端侧壁凹口（12）两侧均设企口（6）、（8）、（11）和（13）。开口端采用双层壁（3）和（4），增加有效承重面积，提高竖向承载力；双层壁（3）和（4）之间为保温间层（10），由薄空气层或保温材料填充，提高砌块的保温性能。

图 2-5 所示为保温型混凝土空心转角砌块与 H 型混凝土夹心秸秆砌块的组砌示意图，两砌块组砌后可形成封闭孔洞（2），内置保温材料或灌注混凝土，以提高墙体的保温承重性能；封闭端单层壁合围成竖向贯通的 L 型孔洞（15），灌注混凝土芯柱，该孔洞与转角墙体阴角通过较长的壁肋连接，延长了热桥桥路，从而消弱了转角处的热桥效应，同时实现节能和提高墙体承重及抗剪性能。

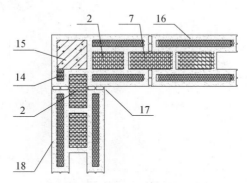

图 2-5　保温型混凝土空心转角砌块组砌示意图

2.3　保温隔热型混凝土圈梁模板砌块

混凝土空心砌块所砌筑墙体应设置圈梁或现浇钢筋混凝土水平条带，并与芯柱或构造柱连接以增强墙体整体性，但现浇混凝土需要大量模板和支护构件，大大降低了施工速度，增加了砌块墙体的施工复杂性和建设成本，解决砌块砌体的模板支护问题成为工程界面临的一个重要课题；同时，混凝土圈梁及现浇混凝土水平带等部位是砌体结构墙体的主要热桥部位。在此背景下，研发了保温隔热型混凝土圈梁模板砌块，有效解决了上述问题。

该砌块通过在内外壁之间设置保温隔层、横肋错开布置以及中部设置 U 型槽等措施，提高了所砌筑墙体在混凝土圈梁或水平条带热桥部位的热阻，大大降低了该部位的热桥效应，增强了保温节能性能与结构性能，同时提高了墙体的整体性。U 型砌块为墙体所设置圈梁或现浇钢筋混凝土水平条带提供模板，大幅降低了施工复杂性和成本。该砌块适用于建筑物承重墙和非承重墙，保温节能好、施工方便且造价低，同时该新型砌块采用夹心保温设计，与外敷保温板相比有良好的防火耐久性能，可用于建造抗震节能一体化住宅、公共建筑、日光温室后墙等。图 2-6 所示为三种类型的保温隔热型混凝土圈梁模板砌块，有效解决了不同组砌方式下芯柱与水平条带交汇处钢筋的绑扎及芯柱浇筑问题。

该圈梁模板砌块的具体使用方式如下：

（1）墙体砌筑到圈梁或混凝土水平条带标高下一皮砌块高度后，根据下部墙体芯柱位置选择底肋孔位置对应的本实用新型砌块，U 型口向上水平连续砌筑一皮，确保砌块底肋竖孔（2）或内凹处（14）、（15）或（17）与下部砌体芯柱竖孔对齐贯通，芯柱插筋通过底肋孔洞向上伸出，以便下部混凝土芯柱与本实用新型砌块 U 型槽中的水平构件浇筑为一体，提高墙体的整体性。

（2）根据设计要求绑扎钢筋，置于 U 型槽中，与通过底肋竖孔（2）或内凹处（14）、（15）或（17）向上伸出的芯柱插筋绑扎连接。

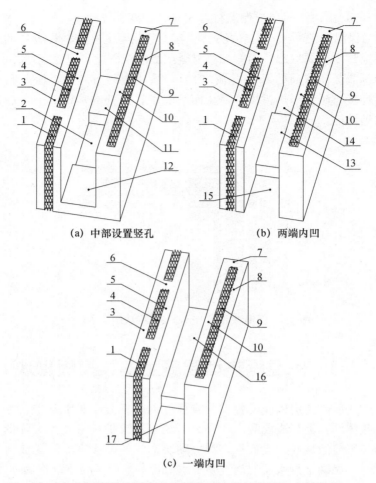

(a) 中部设置竖孔　　　(b) 两端内凹

(c) 一端内凹

图 2-6　保温隔热型混凝土圈梁模板砌块构造图（三种类型）

图 2-6 中：1-侧壁间层；2-底肋中间竖孔；3-外层侧壁；4-侧壁间层；5-内层侧壁；6-侧壁横肋；7-侧壁横肋；8-外层侧壁；9-侧壁间层；10-内层侧壁；11-端部底肋；12-端部底肋；13-两端内凹的中部底肋；14-底肋端部内凹处；15-端部底肋内凹处；16- 一端内凹的底肋；17-底肋端部内凹处

（3）U 型槽中浇筑混凝土，形成混凝土圈梁或水平条带等构件。

（4）根据设计要求完成墙体的后续砌筑工作。

第 3 章 保温承重型混凝土夹心秸秆砌块

3.1 混凝土夹心秸秆砌块的构造

混凝土夹心秸秆砌块以冷压制作的秸秆压缩块作为夹心保温材料，置入混凝土空心砌块的孔腔内复合而成，具有节能、利废、调湿等优越性能。图 3-1 为生产制作的混凝土夹心秸秆砌块。

图 3-1 混凝土夹心秸秆砌块

3.2 混凝土夹心秸秆砌块块型优化

3.2.1 热桥的传热形式及传热机理

热桥（thermal bridge）在建筑结构中属于围护结构的一部分，但是热桥部位建筑材料的导热能力大多都是钢筋混凝土或型钢，其传热性能比其他节能墙体要大得多，这样通过热桥的传热过程就形成两维或三维的动态传热。在建筑结构中，由于承重、防震、沉降等各方面的要求，致使在建筑结构中形成的建筑热桥形式有很多种。根据建筑结构和构造特点将热桥分为九大类：内墙角、外墙角、窗左右侧、窗上下侧、阳台、屋顶、地角、其他。各类型热桥由于结构不同对建筑热负荷的影响也不同。

内墙角和外墙角统称为阴角，此部位的受热面积小于放热面积，我国以放热面积为准计算传热量是比较安全的。在墙体结构局部不发生变化的情况下，计算得出的传热量大于实际传热量；当有构造柱穿过外墙时或由于构造上的要求保温层出现断点（内保温间墙）的情况下，计算得出的传热量要小于真实传热量。

由于热桥部位是由不同建筑材料构成的复合墙壁，其传热过程比较复杂，温度场是非稳态三维的。根据傅立叶定律建立热桥传热数学模型如下：

$$\frac{\partial}{\partial x}\left(\lambda\frac{\partial t}{\partial x}\right)+\frac{\partial}{\partial y}\left(\lambda\frac{\partial t}{\partial y}\right)+\frac{\partial}{\partial z}\left(\lambda\frac{\partial t}{\partial z}\right)=\rho c\frac{\partial t}{\partial \tau} \tag{3-1}$$

对于混凝土夹心秸秆砌块，该模型满足以下假设：热桥为均质，且各向同性；热物性不随温度变化；无内部热源和质量源；不考虑辐射传热；传湿传质略去不计；不含非线性单元，边界条件不随温度变化。在工程应用中，取建筑材料的导热系数 λ 为常数，基本上可以满足工程精度的要求，所以式（3-1）可以简化为式（3-2）：

$$\frac{\partial^2 t}{\partial^2 x} + \frac{\partial^2 t}{\partial^2 y} + \frac{\partial^2 t}{\partial^2 z} = \frac{\alpha}{\lambda}\frac{\partial t}{\partial \tau} \tag{3-2}$$

建筑热桥的内表面温度是受室外温度影响的，随着室外温度的变化，热桥内表面温度也随着变化，但是在计算热桥内表面温度的时候，只要出现低于室内空气露点温度就会在建筑墙体内表面结露，因此必须保证建筑热桥内表面温度不低于室内空气露点温度，也就是说，热桥内表面温度虽然随室外温度发生变化，但是需要控制的是墙体内表面的最低温度，这样可以按照稳态的方法计算建筑热桥内表面的最低温度，则式（3-2）可以进一步简化为式（3-3）：

$$\frac{\partial^2 t}{\partial^2 x} + \frac{\partial^2 t}{\partial^2 y} + \frac{\partial^2 t}{\partial^2 z} = 0 \tag{3-3}$$

由于室内外空气温度可以通过温度计测量，所以墙体两侧均为第三类边界条件。由于热桥所传递的热量较大，必然引起与其相邻墙体的温度变化，即还存在由于砌块热桥影响周边墙体内表面温度，即热桥有一个影响区域，对于这个影响区域的大小的计算是解决热桥散热的一个重要问题，目前常采用的方法是增加适当的修正系数来进行计算。

3.2.2 优化思路

砌块孔型决定砌块的受力性能、保温隔热性能、生产及施工，所以进行方案设计时，必须考虑孔型问题，即孔洞形状、孔洞排数、排列方式、孔洞尺寸等。

本文选用的"H"型、"Z"型砌块是在课题组前期试验基础上经数值模拟和热工理论计算选取的砌块块型，在砌块外形尺寸不变的前提下，依据热工原理以及生产制作要求等，通过变化砌块内部孔洞的排数、数量、填充率以及孔洞位置进行优化。

增加孔洞排数有利于砌块保温，本文首先选择了三排孔的"H$_1$"型砌块，并依据规范及前期试验结果，砌块采用壁厚25mm，孔型尺寸为5个145mm×30mm孔、两个72.5mm×30mm孔，采用错位孔的方式排列孔洞，延长热流路径。混凝土空心砌块强度等级达到MU10.0以上，满足结构和保温的双重要求。

"H$_2$"型砌块是在"H$_1$"型砌块的基础上进一步增大砌块的填充率而成，砌块采用壁厚25mm，主要考虑热工因素，减少热流路径数量把"H$_1$"型砌块中间肋部分全部改为秸秆压缩块填充，并进一步延长砌块横向肋长，由"H$_1$"型砌块的72.5mm延长到110mm，改为6个110mm×30mm的小孔和一个120mm×140mm的大孔，填充率由原来的35.22%增加到49.39%。

考虑到孔洞排数的影响以及对比研究，本文选用"Z$_1$"型砌块为双排孔砌块，砌块采用壁厚25mm，采用两个225mm×40mm的大孔，并采取错位孔的方式对孔进行错位形成"Z$_1$"型砌块。考虑到砌块热工性能影响及秸秆压缩块生产制作方便，错位尺寸为115mm。

"Z$_2$"型砌块为改进后的"Z$_1$"型砌块，壁厚仍为25mm，考虑热工因素影响，主要将"Z$_1$"型砌块中间肋部分去掉，增大砌块填充率、减少热流路径数量，由两个225mm×40mm的大孔变为两个115mm×40mm的小孔和一个110mm×140mm的大孔。

四种块型砌块与传统混凝土夹心秸秆砌块相比，砌块肋部热流路径明显加长，砌块纵向热阻明显增加，可以有效降低热损失，砌块中间填充秸秆压缩块，增加了隔热、隔声、防火的有效性。四种砌块的外围尺寸均为390mm×190mm×190mm，具体尺寸如图3-2所示。

3.2.3 优化设计考虑的因素

（1）热流路径长短

增加砌块热流路径有利于增加砌块热阻，提高砌块保温隔热性能。普通混凝土夹心秸秆

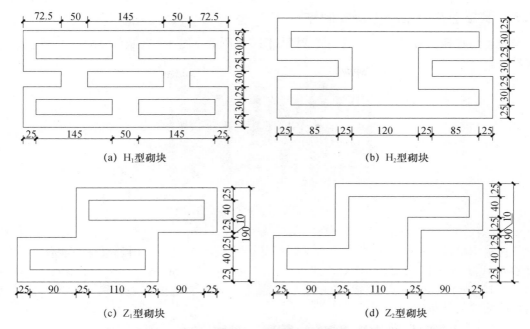

图 3-2　四种（H 型、Z 型）混凝土空心砌块尺寸图

砌块热流路径长度为 190mm，优化后的 H$_1$ 型砌块热流路径长度增加到 335mm，H$_2$ 型砌块热流路径长度增加到 410mm，Z$_1$、Z$_2$ 型砌块热流路径长度增加到 305mm。

（2）填充率

相同结构形式砌块，增加秸秆压缩块填充率有利于增加砌块热阻，优化后的 H$_1$ 型填充率为 35.22%，在 H$_1$ 型基础上优化后的 H$_2$ 型填充率为 49.39%，Z$_1$ 型砌块填充率为 35.23%，在 Z$_1$ 型基础上优化得到的 Z$_2$ 型砌块填充率为 48.14%。

（3）模具尺寸

为提高制作效率，降低制作成本，混凝土空心砌块总共确定六种孔型，需要四种尺寸的秸秆压缩块填充，四种秸秆压缩块通过两种模具即可制作完成。

3.2.4　材料选用及技术性能

混凝土空心砌块所用材料见表 3-1。

表 3-1　混凝土空心砌块制备用材

材料名称	材料规格	产地
水泥	P·C 32.5	泰山水泥有限公司
粉煤灰	Ⅲ级灰	泰安热电公司
砂	细度模数为 3.2	汶河粗砂
碎石	5～10mm	道朗石料厂

制备混凝土空心砌块的配合比参照课题组前期研究结果，采用水泥：粉煤灰：砂：石：水的比例为 1.28：0.32：2.25：2.95：0.503。

所选秸秆为泰安周边地区农业生产产生的小麦秸秆，经粉碎而成。秸秆压缩块制作同样按课题组前期研究结果制作完成。

3.2.5 混凝土夹心秸秆砌块的制作

混凝土空心砌块共有四种块型，尺寸图如图 3-2 所示。图 3-3 为制作完成的混凝土空心砌块实物图。

图 3-3　制作完成的四种混凝土空心砌块

夹心秸秆压缩块制作由于尺寸特殊、数量较少，故采用人工制作。通过按照课题组前期研究的材料用量及压缩比、回弹比定制不同尺寸的压桶及垫板，采用隔板提高制作效率，制作尺寸为 105mm×170mm×30mm、105mm×170mm×40mm、105mm×170mm×140mm、135mm×170mm×30mm 的四种夹心秸秆压缩块用于填充混凝土空心砌块。图 3-4 所示为夹心秸秆压缩块的批量生产与养护图。

(a) 制作　　　　　　　　　　　(b) 风干养护

图 3-4　夹心秸秆压缩块

将秸秆压缩块置入混凝土空心砌块的孔腔内，即可组合而成混凝土夹心秸秆砌块，图 3-5 所示为四种混凝土夹心秸秆砌块的实物图。

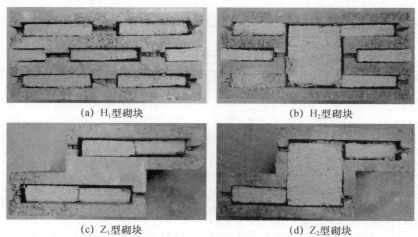

(a) H_1 型砌块　　　　　　　　(b) H_2 型砌块

(c) Z_1 型砌块　　　　　　　　(d) Z_2 型砌块

图 3-5　制作完成的四种混凝土夹心秸秆砌块

第二篇
混凝土夹心秸秆砌块墙及建筑节能

第4章 混凝土夹心秸秆砌块墙体热工性能

4.1 混凝土夹心秸秆砌块墙体热工试验

4.1.1 试验装置

(1) BES-DL 箱式围护结构传热系数测试装置

试验热箱采用哈尔滨工业大学生产的 BES-DL 箱式围护结构传热系数测试装置（图 4-1），热箱尺寸为 1200mm×1000mm。热箱采用铝合金框架结构，内壁设高效保温层；热箱内设有加热元件及风循环装置。热箱内安装有温度控制传感器，用智能调节器控制，使热箱内温度保持在恒温状态；热箱温度设定范围为 20～50℃。依次接通风机开关和加热开关，经过一段时间后，热箱内温度自动控制在设定值附近，使试件两侧形成相对稳定的温差，以满足测试条件。

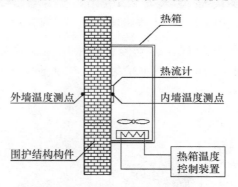

图 4-1 控温热箱法试验示意图

该试验台具有如下特点：

1）温度控制精度高。由于加热器采用调功方式进行调节，因此，箱内温度波动小，可控制在±0.1℃以内。

2）热箱温度控制范围大。可在 15～50℃调节。

3）装置的测量准确度高。

4）由于热箱采用了夹层风套，并进行自动控制，因此，使得热箱向周围环境的散热减小到接近于零，箱内温度波动小。

5）电能表、涡轮流量计、压差传感器的高精度，保证了加热量、风量、压差测试值的准确性。

(2) 测量及数据采集系统

系统采用：BES-Aa 建筑围护结构传热系数现场检测仪、BES-C 多路数据采集仪测量系统。

BES-Aa 围护结构传热系数现场检测仪具有体积小、精度高、使用方便、功能齐全等特点。该检测仪可与热箱配套使用，通过控制热箱内温度，人为造成试件两侧温差。在相对稳定条件下进行测量，从而提高总体测试精度。该检测仪适用于建筑围护结构传热系数现场检测和试验室检测，以及温度、热流的高精度检测。有 6 路温度测量通道，量程范围－40～100℃；分辨率：0.01℃；准确度：≤0.2℃。有 2 路热流密度测量通道：量程范围 0～20mV；分辨率 0.001mV；测量准确度≤0.02mV。

BES-C 多路数据采集仪（图 4-2）主要用于节能建筑墙体表面温度、室内外温度、热流密度等参数的现场测试，具有测量精度高、功能齐全、使用方便等特点，适用于节能建筑围护结构热阻、传热系数的现场测试，建筑材料热工性能检测及环境监测等场合。有温度测量通道 40 路；量程范围－40～50℃；准确度≤0.3℃。

图 4-2　BES-C 多路数据采集仪测量系统

温度传感器采用铜-康铜热电偶，热流传感器采用板式热流计，所用热流计常数 $C=11.63W/（m^2 \cdot mV）$，如图 4-3 所示。数据采集系统与电脑建立通信，通过软件实时测量并记录温度和热流。

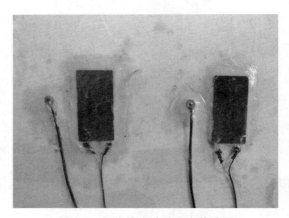

图 4-3　板式热流计及温度传感器

4.1.2　试验原理

控温热箱法是基于一维稳定传热原理，将试验构件一侧置于热箱中，另一侧为自然条件。在试件热箱侧模拟不同状况下的环境，即相应地建立所需的空气温度、风速及空气压力。在传热达到稳定后，根据试件两侧的空气温度、空气压差、空气渗透量、壁面温度及输入到计量箱内的热量，可以分析和计算出试验构件的传热性质。此方法可计算出试件的热阻、传热系数，而且还可以计算出传热和空气渗透同时存在情况下试件的综合能耗。

根据热平衡原理，可得式（4-1）：

$$Q = W_1 + W_2 - Q_b \tag{4-1}$$

式中　Q——通过构件的热量（W）；

　　　W_1——计量箱内电加热的散热功率（W）；

　　　W_2——计量箱内轴流风机的散热功率（W）；

　　　Q_b——计量箱的漏热量（标定值）（W）。

本试验为稳态条件下墙体的传热。根据试验条件，控温热箱内温度设定为 42.5℃，另一侧为试验室室温。为保证墙体两侧有 20℃以上的温差，减小试验误差，热箱侧采用发泡材料对缝隙进行密封处理。每面墙体连续试验 120h，每 5min 采集一次数据。

根据实时测量的温度、热流密度计算出围护结构热阻、传热系数，其中围护结构热阻采用式（4-2）计算：

$$R = \frac{\theta_n - \theta_w}{q} \tag{4-2}$$

式中　R——围护结构热阻（$m^2 \cdot K/W$）；

　　　θ_n——围护结构热箱侧温度测量值（℃）；

　　　θ_w——围护结构非热箱侧温度测量值（℃）；

　　　q——热流密度测量值（W/m^2）。

围护结构传热系数采用式（4-3）计算：

$$K = \frac{1}{(R_i + R + R_e)} \tag{4-3}$$

式中　K——围护结构的传热系数，（$W/m^2 \cdot K$）；

　　　R_i——内表面换热阻，按《民用建筑热工设计规范》（GB 50176）规定取值；

　　　R_e——外表面换热阻，按《民用建筑热工设计规范》（GB 50176）规定取值。

4.1.3　测试仪器

（1）温度传感器

温度是表示物体冷热程度的物理量，常用摄氏温标和热力学温标来作为衡量温度的标准尺度。在实际中常需要测量温度，测量方法很多，根据温度测量仪表的使用方式，通常可以分为接触法（热电阻、热电偶、热膨胀式温度计等）和非接触法（光学、辐射、比色温度计等）。

本文采用热电偶温度计测试温度。热电偶温度计以热电偶作为温度传感器，是一种通过热电偶将温度信号转换为热电势信号（mV 级），然后通过对热电势信号的测量来获得温度数值的温度仪表。热电偶由温度补偿导线自行制作而成，显示仪表原则上是一种测量 mV 级电压的仪表。其测温原理是基于 1821 年赛贝克（Seebeek）发现的热电效应，即两种不同的导体（半导体）A、B 组成闭合回路如图 4-4 所示，当 A、B 相接的两个接点温度不同时，则在回路中产生一个电势，称为热电势；导体 A 和 B 称为热电偶的热电极。热电偶的两个接触点中，置于被测介质（温度 T）中的接点称为工作端或热端；温度为参考温度 T_0 的一端称为冷端。热电偶产生的热电势由接触电势和温差电势两部分组成。

热电偶热电特性的理论表达式为：

$$E_{AB}(T, T_0) = f(T) + C \tag{4-4}$$

式中　$f(T)$——热端温度（T）的单值函数，与热电偶材料有关。

由式（4-4）知热电势是热端温度（T）的单值函数。

实际应用的热电特性由试验方法求得。当保持热电偶冷端温度 T_0 不变时，只要用仪表测

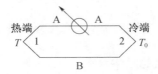

图 4-4　热电偶闭合回路

得热电势 E_{AB}（T，T_0），就可以建立起热电势和温度 T 之间的关系，可以给出热电势-温度曲线，并拟合出公式。热电偶广泛应用于温度测量，其优点是结构简单（仅由两根端点相连的导线构成）、易于远距离测量、结构灵活（测量接点的尺寸可大可小，依估算的寿命、漂移、局部测量和响应时间的要求而定）、操作和信号处理简便（可忽略自身的加热，电信号输出可直接记录）以及热电偶成本低廉。

根据待测对象特点，本试验采用自行设计、制造的 T 型（铜-康铜）热电偶，其测温范围为−20～350℃。由于铜丝的纯度高而且无应力，故 T 型热电偶在金属热电偶中准确度最高，热电势较大。下面简要介绍本试验中所采用的热电偶的制作与标定方法：

1）T 型热电偶的制作先将一段铜线与康铜线扭在一起，一端除去胶皮将线芯绞在一起并滴上薄薄一层锡焊，使之尽量呈平直圆柱形，即为热电偶的测量端；测表面温度的热电偶还需要在测量端焊接上小小的铜片，以便于热电偶与待测表面充分接触。热电偶制作完成后，在其表面涂抹绝缘胶水，排除测量时砌块内部可能存在的电磁场干扰。

2）标定热电偶时，将标准温度计置于盛有冰水混合物的瓶中，将待标定的每个热电偶的测量端放在冰水中，并与 BES-C 便携式微机多路数据采集仪相接，记录采集数据并与标准温度计对比，剔除误差较大的热电偶。

（2）热流传感器

热阻式热流传感器的工作原理：当热流通过平板状热流传感器时，传感器热阻层上产生温度梯度。若热流传感器的两侧平行壁面各保持均匀稳定的温度 t 和 $t+\Delta t$，热流传感器的高度与宽度大于其厚度，则可认为沿高度与宽度两个方向温度没有变化，而仅沿厚度方向变化，对于一维稳定导热，根据傅立叶定律得到：

$$q = -\lambda \frac{\Delta t}{\Delta x} \tag{4-5}$$

式中　Δt ——两等温面的温差（℃）；

　　Δx ——两等温面之间的距离（m）；

　　λ ——导热系数（w/（m·k））。

如果用热电偶测量上述温差 Δt，并且所用热电偶在被测温度变化范围内，其热电势与温度呈线性关系时，其输出热电势与温差呈正比，这样通过热流传感器的热流为：

$$q = -\lambda \frac{\lambda E}{\delta C'} = CE \tag{4-6}$$

其中，$C = \frac{\lambda}{\delta C'}$，$E = C'\Delta t$。

式中　C ——热流传感系数［W/（m²·mv）］；

　　C' ——热电偶系数；

　　δ ——热流传感器厚度（mm）；

　　E ——热电势（mv）；

　　q ——热流传感器的热流。

热流传感器采用板式热流计，所用热流计常数 C＝11.63W/（m²·mV）。

4.1.4　测点布置

（1）热电偶

用热电偶测量温度是目前常用的方法之一，为了保证测量准确度，应注意不要严重破坏被测量物体的温度场。根据热电偶使用方式的不同，热电偶可分为固定式和移动式两种。固定式热电偶是指用焊接或粘结的方法将热电偶固定在被测物体表面，以测量该点的温度，热电偶与被测量表面接触较好，所以测量准确度高。移动式是指使用机械或人工的方法实现测量端与被测量物体表面接触测量表面的温度，此方法不损伤被测量表面且机动性较好，但其热阻较大，因而误差也比固定式的大。

固定式敷设测量中分为表面焊接敷设和表面粘结敷设两种。表面焊接敷设法主要是用于测量金属表面的温度，用焊接方法把热电偶测量端固定于金属表面，这种敷设方法既方便又牢固；表面粘结敷设法可以用于导电体和不导电体的表面温度测量。

本试验需要测量砌块表面温度和砌块内部的温度，为了满足试验的实际要求及得到较高精度的温度测量数据，故采用固定式热电偶。采用钻孔方式，将热电偶置入内部，并用原材料将孔封堵，以尽量减小误差，提高测量精度。热电偶布置高度为 100mm，具体平面位置如图 4-5 所示，图中序号为测点位置。

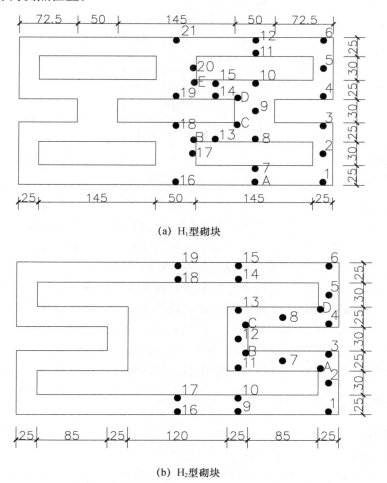

(a) H₁型砌块

(b) H₂型砌块

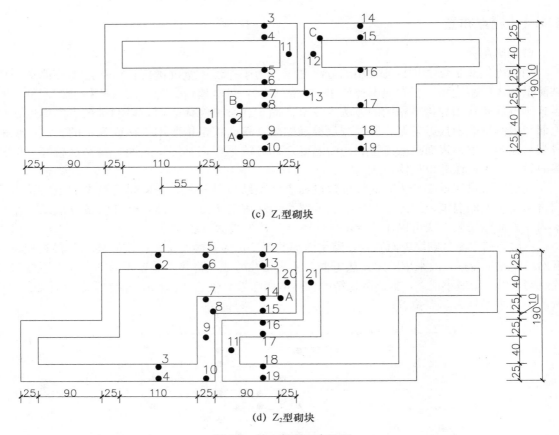

(c) Z_1 型砌块

(d) Z_2 型砌块

图 4-5　热电偶平面布置图

（2）热流计

被测物体表面的放热状况与许多因素有关，被测物体散热热流密度与热流测点的几何位置有关。测点应选在能反映砌块表面平均热流密度的位置，在同一物体上还需选择几个有代表性的位置进行测量，与得到的平均值进行比较。热流传感器表面为等温面，安装时应尽量避开温度异常点；热流传感器表面应与所测壁面紧密接触，不得有空隙并尽可能与所测壁面平齐，为此常采用胶液、石膏、黄油、凡士林等粘贴热流传感器。

本试验采用的是表面粘贴式。由于标定热流计时是在热箱侧标定的，为确保热流传感系数，热流计只布置在热箱侧。安装位置除了在砌块的 1/4 处布置热流传感器，在砌块肋部位置也布置了热流传感器。布置热流传感器时，热流传感器的表面涂一层凡士林，然后再挤压到砌块表面，确保热流传感器表面与砌块表面紧密接触，中间没有空隙且与所测表面平齐，从而使得到的试验数据尽量准确，减小测量误差。具体布置方式如图 4-3 所示。

4.1.5　墙体砌筑与系统运行

（1）墙体砌筑

针对四种块型砌筑八面墙体（图 4-6），墙体尺寸宽×高×厚为 1600mm×1650mm×210mm，表面用厚约 10mm 的水泥砂浆找平，2mm 厚石灰膏抹面。其中有四面墙体填充夹心秸秆砌块，四面墙体为空心，分别命名为 H_1-1、H_1-2、H_2-1、H_2-2、Z_1-1、Z_1-2、Z_2-1、

Z_2-2，其中"H"、"Z"代表砌块外形，下标"1"、"2"为两种不同内部结构形式，"-1"、"-2"代表填充夹心秸秆压缩块与空心。

图 4-6　砌筑完毕的试验墙体

（2）试验系统的运行

试验于 2011 年 11 月 30 日开始，同时启动 BES-DL 箱式围护结构传热系数测试装置、BES-Aa 建筑围护结构传热系数现场检测仪、BES-C 多路数据采集仪测量系统；将热箱控制系统调到 42.5℃，为试验营造设定的环境条件，数据采集系统同时采集数据。

每面墙体实测 5d，每隔 5min 记录一次数据。为避免可能存在的湿度影响，雨天停止试验，试验期间试验室湿度维持在 38% 左右，试验于 2012 年 1 月 16 日完成，关闭试验系统。

4.1.6　结果分析

（1）墙体传热系数

试验依据式（4-3）计算出八面试验墙体的传热系数，见表 4-1，其中测点 1 为墙体热桥处传热系数，测点 2 为墙体非热桥处传热系数。

表 4-1　试验墙体传热系数

墙体砌块块型	传热系数/W·$(m^2 \cdot k)^{-1}$		
	填充秸秆压缩块		未填充秸秆压缩块
	测点 1	测点 2	
H_1	0.80	0.73	1.02
H_2	0.70	0.57	1.30
Z_1	0.99	0.98	1.25
Z_2	0.85	0.86	1.49

（2）墙体内部温度

1）H_1-1 砌块内部测点温度

表 4-2　H_1-1 砌块内部测点平均温度

测点	1	2	3	4	5	6	7	8
温度（℃）	26.87	24.05	21.91	14.14	11.94	9.42	27.67	20.21
测点	9	10	11	12	13	14	15	16
温度（℃）	18.15	16.54	9.44	8.85	21.6	15.53	15.5	27.27
测点	17	18	19	20	21	室温	箱内温度	
温度（℃）	24.93	22.74	14.44	12.3	9.77	5.13	31.4	

2）H_2-1 砌块内部测点平均温度

表 4-3   H$_2$-1 砌块内部测点平均温度

测点	1	2	3	4	5	6	7	8
温度（℃）	29.1	26.9	24.63	15.19	13.3	11.28	23.56	16.51
测点	9	10	11	12	13	14	15	16
温度（℃）	31.17	30.52	22.64	19.72	17.76	11.13	10.59	31.23
测点	17	18	19	室温	箱内温度			
温度（℃）	30.63	10.92	10.49	5.2	35.04			

3）Z$_1$-1 砌块内部测点平均温度

表 4-4   Z$_1$-1 砌块内部测点平均温度

测点	1	2	3	4	5	6	7	8
温度（℃）	14.66	14.47	28.61	27.94	20.7	20.38	18.27	18.08
测点	9	10	11	12	13	14	15	16
温度（℃）	10.63	10.15	24.4	23.96	20.01	29.06	28.57	19.54
测点	17	18	19	室温	箱内温度			
温度（℃）	18.84	10.2	9.66	2.99	37.35			

4）Z$_2$-1 砌块内部测点平均温度

表 4-5   Z$_2$-1 砌块内部测点平均温度

测点	1	2	3	4	5	6	7	8
温度（℃）	29.19	28.78	10.66	10.14	29.94	29.27	19.51	18.32
测点	9	10	11	12	13	14	15	16
温度（℃）	14.71	11.2	14.83	29.23	28.6	21.4	21.06	18.95
测点	17	18	19	20	21	室温	箱内温度	
温度（℃）	18.68	11.43	10.82	25.03	25.01	3.38	36.97	

4.2   混凝土夹心秸秆砌块/墙体稳态传热数值分析

4.2.1   基本理论

（1）有限单元法基本思想

随着电子计算机的迅速发展和普遍应用，出现了与有限差分法相对应的有限单元法，其基本思想是将一个连续的求解域离散化，分割成彼此用节点（离散点）互相联系的有限个单元；在单元体内假设近似解的模式，用有限节点上的未知参数表征单元的特性，然后用适当的方法将各个单元的关系式组合成包含这些位置参数的方程组，求解这个方程组得出各节点的未知参数，利用插值函数求出近似解。其计算步骤为：将结构划分成若干个单元，单元与单元之间以节点互相连接；计算单元刚度矩阵，并形成结构总体刚度矩阵；将非节点载荷等效地移置到节点上，并求出结构总体载荷矩阵；引入约束条件，解线性代数方程组，求得节点结果；通过节点的结果最后计算整体结果。

用有限单元法求解问题的关键是求解矩阵方面的问题。在实际工程中，有限单元法最后都归结为求解非线性方程组。在有限元的理论求解过程中，通常采用 Newton-Raphson 或者修正的 Newton-Raphson 等将非线性方程转化为一系列线性方程进行迭代求解，并结合加速方法提高迭代速度。

（2）热分析简介

国际热分析协会（简称 ICTA）的命名委员会于 1977 年把热分析定义为：热分析是在程序控制温度下测量物质的物理性质与温度关系的一类技术。其中，程序控制温度是指按某种规律加热或冷却，通常是线性升温和线性降温。热分析广泛应用于各个领域。在实际生产过程中，常常会遇到各种各样的热量传递问题：如计算某个系统或部件的温度分布、热量的获取或损失、热梯度、热流密度、热应力、相变等。所涉及部门包括：建筑、冶金、电子、航空航天、能源、化工制冷、农业、船舶等。在建筑领域，往往需要估算建筑构件温度场，分析不同条件下，不同材料及几何形状对温度场变化的影响，用以分析温度场作用对构件强度、疲劳、寿命等的影响。因此，热分析在工业生产及科学研究中具有重要作用。

ANSYS 热分析基于能量守恒原理的热平衡方程，用有限单元法计算各节点的温度，并导出其他热物理参数。其基本原理是先将所处理的对象划分成有限个单元（包含若干节点），然后根据能量守恒原理求解一定边界条件和初始条件下每一节点处的热平衡方程，由此计算出各节点的温度，继而进一步求解出其他相关量。

（3）传热学经典理论

1）热分析所用公式

热分析遵循能量守恒定律，即热力学第一定律。对于不同问题，所用公式亦不相同，表4-6 列出了四种热分析问题所采用的公式。

表 4-6　不同热分析问题所用公式

热分析问题	所用公式
对于没有质量流入或流出的封闭系统	$Q-W=\Delta U+\Delta KE+\Delta PE$
对于大多数工程传热问题	$\Delta KE=\Delta PE=0$
对于稳态热分析	$Q=\Delta U=0$
对于瞬态热分析	$q=dU/dt$

其中，Q、W、ΔU、ΔKE、ΔPE、q 分别代表热量、所做的功、系统内能、系统动能、系统势能、流入或流出的热传递速率。

2）热传递方式

经典的热力学认为，热量是通过三种方式进行传递的，即：热传导、热对流和热辐射。其中热对流是指固体的表面与它周围接触的流体之间，由于温差的存在引起的热量交换。热对流可以分为自然对流和强制对流，热对流用牛顿冷却方程来描述：

$$q = h(T_w - T_f) \tag{4-7}$$

式中 q、h、T_w、T_f 分别为热流密度、对流换热系数（或称膜传热系数、给热系数、膜系数等）、固体表面的温度和周围流体的温度。

3）稳态热分析的理论基础

根据温度场随时间的变化情况，热分析可分为稳态分析（系统的温度场不随时间变化）和瞬态分析（系统的温度场随时间明显变化）两种。如果系统净热流率为 0，即流入系统的热量加上系统自身产生的热量等于流出系统的热量：$q_{流入}+q_{生成}-q_{流出}=0$，则系统处于热稳态。在热稳态分析中任意节点的温度不随时间变化。其能量平衡方程为：

$$[K]\{T\} = \{Q\} \tag{4-8}$$

式中　　$[K]$——传导矩阵，包含导热系数、对流系数及辐射率和形状系数；

　　　　$\{T\}$——节点温度向量；

　　　　$\{Q\}$——节点热流率向量，包含热生成。

　　4）瞬态热分析的理论基础

　　瞬态传热过程是指一个系统的加热或冷却过程。在这个过程中系统的温度、热流率、热边界条件以及系统内能随时间都有明显变化。根据能量守恒原理，瞬态热平衡可以表达为（以矩阵形式表示）：

$$[C]\{\dot{T}\}[K]\{T\} = \{Q\} \tag{4-9}$$

式中　　$[K]$——传导矩阵，包含导热系数、对流系数及辐射率和形状系数；

　　　　$[C]$——比热矩阵，考虑系统内能的增加；

　　　　$\{T\}$——节点温度向量；

　　　　$\{\dot{T}\}$——为温度对时间的导数；

　　　　$\{Q\}$——节点热流率向量，包含热生成。

4.2.2　混凝土夹心秸秆砌块/墙体的有限元模型

(1) 模型构建

　　混凝土夹心秸秆砌块墙体涉及四种砌块块型（图 4-7），在数值分析时结合各块型的特点构建模型。其中，"H"型混凝土夹心秸秆砌块模型采用单一砌块作为计算单元；为消除砌块

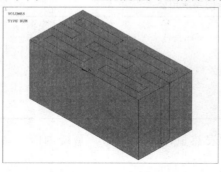

(a) H_1型

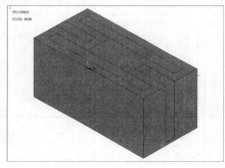

(b) H_2型

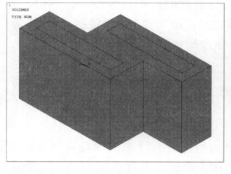

(c) Z_1型

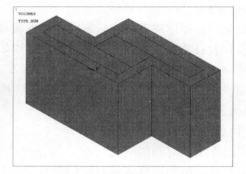

(d) Z_2型

图 4-7　四种砌块模型

间传热作用的相互影响，"Z_1"型混凝土夹心秸秆砌块模型需建立 5 块砌块，选取中间砌块进行研究，"Z_2"型混凝土夹心秸秆砌块模型建立 4 块砌块，亦选取中间砌块进行研究。

（2）单元选取

在利用有限单元法求解复杂结构的各种问题时，单元选取至关重要。在结构剖分过程中，必须遵循以下原则：

1）在不连续处自然分割：在离散化过程中，应把有限元模型的结点单元的分界线或分界面设置在这些不连续处；

2）几何形状的近似：为减少几何形状离散化误差，一是采用较小的单元、较密的网格，二是采用高次单元；

3）单元形态的选择：单元最大尺寸和最小尺寸之比称为细长比，为了保证有限元分析的精度，单元的细长比不能过大。

本文采用三维八节点 SOLID 70 单元模拟混凝土砌块和秸秆填充块，SOLID 70 单元是一个具有导热能力的单元。该单元具有八个节点，每个节点只有一个温度自由度，可用于三维稳态或瞬态热分析问题，并可以补偿由于恒定速度场质量运输带来的热流损失。

（3）材料属性

稳态热分析的材料属性只需要材料的热传导系数；瞬态热分析需要定义材料的导热系数、密度和比热容；结构分析需要定义材料的弹性模量、泊松比和线膨胀系数。本文为墙体稳态传热分析，涉及夹心秸秆压缩块、混凝土空心砌块、水泥砂浆、内外墙抹灰四种材料的传热系数分别是 0.031、1.732、0.930 和 0.810W·$(m·K)^{-1}$。

（4）网格划分

ANSYS 的网格划分有两种方法：第一种是自由划分网格（Free meshing），主要用于划分边界形状不规则的区域，它所生成的网格相互之间是呈不规则排列的，常常对于复杂形状的边界选择自由划分网格；它的缺点是分析精度往往不够高。第二种是映射网格划分（Mapped meshing），该方法是将规则的形状（如正方形、三棱柱等）映射到不规则的区域（如畸变的四边形、底面不是正多边形的棱柱等）上面，它所生成的网格相互之间呈规则排列，分析精度也很高；但是，它要求划分区域满足一定的拓扑条件，否则就不能进行映射网格划分。在非边界区域尽可能地采用映射网格划分，只有对于形状复杂的边界才采用自由划分网格。由于本书采用自由网格划分完全能够满足精度需求，故本章所建模型均进行自由网格划分。划分网格后的有限元模型如图 4-8 所示。

4.2.3　混凝土夹心秸秆砌块/墙体温度场分析

（1）基本假设

在实际环境中，墙壁内的热传递比较复杂，为了使问题简化又不影响分析结果的准确性，做以下假设：1）同一构造层内材料是均质、各向同性的；2）认为墙体各层材料紧密接触，不考虑接触热阻；3）忽略湿传递。

（2）边界条件

模拟时施加 Dirichlet 条件，设定墙体内外壁面恒定温度分别与试验墙体内外壁温度相同，从而避免表面换热系数对模拟的影响，其余 4 个面是对称界面，故作为绝热表面考虑。

为与试验对照，边界条件采用试验所测砌块内外壁温度，具体数值见表 4-7。

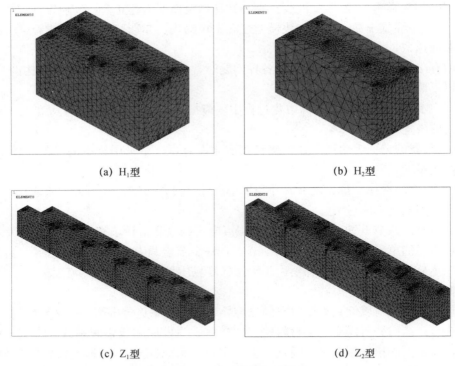

(a) H_1型　　　　　　　　　　　　　　(b) H_2型

(c) Z_1型　　　　　　　　　　　　　　(d) Z_2型

图 4-8　四种砌块网格划分图

表 4-7　数值模拟边界条件

砌块块型	H_1型砌块	H_2型砌块	Z_1型砌块	Z_2型砌块
热箱侧砌块表面温度（℃）	27.27	29.10	29.06	29.37
室温侧砌块表面温度（℃）	9.77	11.28	9.68	10.98

（3）四种块型砌块墙体有限元计算结果

1）H_1型混凝土夹心秸秆砌块/墙体温度场及热流密度场

从图 4-9（a）等温线可以看出 H_1-1 型砌块温度场图符合热传递的基本规律，外侧温度最高，内侧温度最低，受材料导热性能影响，在混凝土砌块肋部温度场云图分布不再规则，温度等值线发生了弯曲，这是由于三排秸秆压缩块采用错位的方式排列，混凝土砌块和秸秆压缩块的导热系数不同所致。同时不同温度等值线的弯曲方向也表明热量向肋部汇聚，可见混凝土肋部形成的热桥影响砌块的保温效果。

从图 4-9（b）热流密度图可以看出，热流在混凝土肋部及水泥砂浆连接部位传递较多，这是因为混凝土和水泥砂浆的导热系数大［分别为 1.732W/（m·K）和 0.93W/（m·K）］引起的，由于混凝土肋的存在，在砌块内外壁之间形成了热桥，虽然砌块内部填充了秸秆压缩块，通过墙体的总热量减小了，但是通过砌块肋部热桥的热量相对于秸秆压缩块却增加了，这是因为热桥周围部分热阻增大，使得周围部分的热量从热阻较小的肋部流过引起。

2）H_2型混凝土夹心秸秆砌块/墙体温度场及热流密度场

从图 4-10（a）等温线可以看出改进后的 H_2-1 型砌块温度场中同样是外侧温度最高，内侧温度最低，在混凝土砌块肋部温度场云图分布不再规则，温度等值线发生了弯曲，这说明秸秆压缩块的保温效果明显好于混凝土砌块，并且秸秆压缩块部分对应的温度变化明显，保

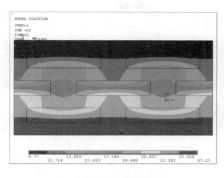
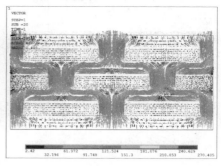

(a) H$_1$-1 温度场图　　　　　　　　　(b) H$_1$-1 热流密度图

图 4-9　H$_1$-1 温度场及热流密度场

温效果好，温度仍然在两条肋部较为集中。

从图 4-10（b）热流密度图可以看出，改进后的 H$_2$-1 型混凝土砌块热流由原来的四条通道减少为两条，且路径明显加长，但是砌块肋部周围部分热阻增大，使得周围部分的热量从热阻较小的肋部流过。再有，秸秆压缩块在阻断热量传递方面有明显作用，热流在经过秸秆压缩块时，由于秸秆压缩块的阻挡，改变了热流原来的流向，使热流呈 S 形流动，混凝土砌块肋部和底部就起到热桥的作用，导致热量流失较多，但砌块总体热损失明显减少。

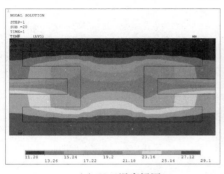
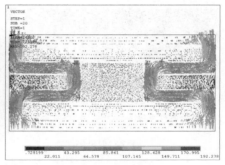

(a) H$_2$-1温度场图　　　　　　　　　(b) H$_2$-1热流密度图

图 4-10　H$_2$-1 温度场及热流密度场

3）Z$_1$ 型混凝土夹心秸秆砌块/墙体温度场及热流密度场

从图 4-11（a）Z$_1$-1 型砌块温度场可以看出，砌块两侧温度变化小，中间秸秆压缩块部分温度变化明显，说明秸秆压缩块对热量起到了明显阻碍作用，在砌块中间部分温度出现横向梯度分布，说明垂直于温度等值线方向热阻较小，此方向热量流失相对较多。

从图 4-11（b）Z$_1$-1 型热流密度图可以看出，热流主要集中在两砌块对接处，同"H"型砌块相同，虽然砌块内部填充了秸秆压缩块，通过墙体的总热量减小了，但是部分不能通过秸秆压缩块的热量从砌块部分通过，改变了热流原来的流向，使热流呈 S 形流动，导致热量流失较多。

4）Z$_2$ 型混凝土夹心秸秆砌块/墙体温度场及热流密度场

从图 4-12（a）Z$_2$-1 型砌块温度场可以看出，砌块内部结构改进后，热流可以通过的面积明显减少，温度沿砌块肋部温度变化缓慢，热阻较小，受材料导热性能影响，秸秆压缩块内部温度变化迅速而混凝土砌块温度变化相对缓慢，温度梯度最大值出现在砌块肋部，而秸秆

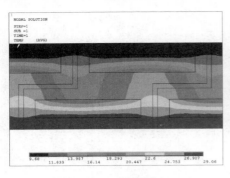 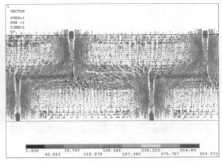

(a) Z_1-1温度场图　　　　　　　　(b) Z_1-1热流密度图

图 4-11　Z_1-1 温度场及热流密度场

压缩块的温度梯度最小，温度线的弯曲方向也表明热量向肋部汇聚，可见混凝土肋部形成的热桥削弱了砌块的保温效果。

从图 4-12（b）Z_2-1 型砌块热流密度图可以看出，热流在混凝土肋部及水泥砂浆连接部位较为密集，图中的砌块底部处出现热流值，由于砌块底部传热面积较小，表现为热流值较大。但砌块热量主要还是通过砌块肋部传递。

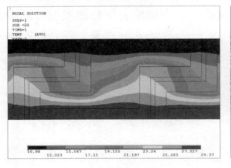 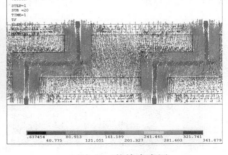

(a) Z_2-1温度场图　　　　　　　　(b) Z_2-1热流密度图

图 4-12　Z_2-1 温度场及热流密度场

4.3　结果与分析

4.3.1　模拟结果与试验数据的对比

（1）模拟初始条件

为了方便对模拟结果与试验结果进行比较分析，本文选择模拟的初始条件与试验条件相一致。砌块两侧温度见表 4-8。

表 4-8　模拟初始边界条件

砌块块型	H_1型砌块	H_2型砌块	Z_1型砌块	Z_2型砌块
热箱侧砌块表面温度（℃）	27.27	29.10	29.06	29.37
室温侧砌块表面温度（℃）	9.77	11.28	9.68	10.98

（2）传热系数的比较

由表 4-9 可以看出，"H"型砌块保温效果明显优于"Z"型砌块，且填充率越大保温效果越理想。试验砌块与普通混凝土夹心秸秆砌块及普通混凝土空心砌块相比传热系数降低明显。其中，"H_2-1"型砌块在无其他保温措施条件下，传热系数为 0.57 W/（m^2·K），建筑节能率达到 68.33%。"Z"型砌块肋部与非肋部导热系数测定值相差不大，说明其热工性能相对均匀。

表 4-9　不同块型砌块传热系数测定值及对比

砌块块型	填充率/%	传热系数/W·（m^2·K）$^{-1}$				相对提高率		
		测点 1	测点 2	理论计算（未修正）	未填充秸秆压缩块	与未填充秸秆压缩块相比	与普通秸秆砌块相比	与普通空心砌块相比
H_1	35.22	0.80	0.73	0.74	1.02	28.43%	32.41%	53.50%
H_2	49.39	0.70	0.57	0.61	1.30	56.15%	47.22%	63.69%
Z_1	35.23	0.99	0.98	0.73	1.25	21.60%	9.26%	37.58%
Z_2	48.14	0.85	0.86	0.66	1.49	42.28%	20.37%	45.22%

空心砌块热阻性能受空心率影响较大，分析其原因是孔内空气在温差作用下可以自由流动，因此空心处既有空气的导热又有空气的对流传热，甚至在温差较大情况下，还要考虑辐射传热，导致砌块热阻较小。即它的数值与孔的形状、大小、方向和温差等因素有关。

根据试验测定和理论计算结果，《民用建筑热工设计规范》（GB 50176—2016）所给出的由两种以上材料组成的、两向非均质围护结构平均热阻计算修正系数不能适用于本混凝土夹心秸秆砌块，试验结果表明，砌块热阻不仅受结构材料本身热工性能影响，而且受砌块结构形式影响。针对"H"型、"Z"型砌块形式，经计算得其修正系数分别取为 0.98、0.76 较为合适。

表 4-10 为四种块型传热系数模拟值与实测值的对比表，其中模拟值为 ANSYS 提取温度、热流结果，按照《民用建筑热工设计规范》（GB 50176—2016）计算方法计算所得。模拟值与实测值的相对误差在 6.12% 以内，误差主要来自材料参数选取及试验热流传感器位置两方面。

表 4-10　四种块型传热系数模拟值与实测值对比表

砌块块型	传热系数/W·（m^2·K）$^{-1}$		相对误差
	模拟值（未修正）	实测值	
H_1	0.77	0.73	5.48%
H_2	0.58	0.57	1.80%
Z_1	1.04	0.98	6.12%
Z_2	0.90	0.86	5.00%

4.3.2　混凝土夹心秸秆砌块内部温度分析

采用热电偶所测砌块内部温度与数值模拟值对比分析砌块肋部传热。各砌块模拟结果为参考试验测点设定路径点，每相邻路径点之间取 10 个温度值，每种砌块选取 3~4 个路径。对比图中实测值编号见热电偶布置图 4-5。

（1）H_1 型砌块内部温度分析

块型 H_1-1 路径 1、路径 2 为该块型砌块两条典型位置处的温度梯度，如图 4-13（a）、图 4-13（b）所示。可以看出测点 7、8 之间，测点 18、19 之间为夹心秸秆压缩块，温度变化明显，而其他相邻测点之间温差较小，说明秸秆压缩块热阻较大，热工性能好。而路径 3 为该砌块肋部热桥处温度变化，温度变化相对均匀，为热量流失的通道，如图 4-13（c）所示。

测点 16 对应的实测值温度 27.27℃ 高于测点 1 的 26.87℃，测点 21 的温度值 9.77℃ 高于测点 12 的 8.85℃，测点 11 温度 9.42℃高于测点 12 的 8.85℃，均说明温度在砌块内存在横向温差，即存在热量绕过秸秆压缩块传递的特点。

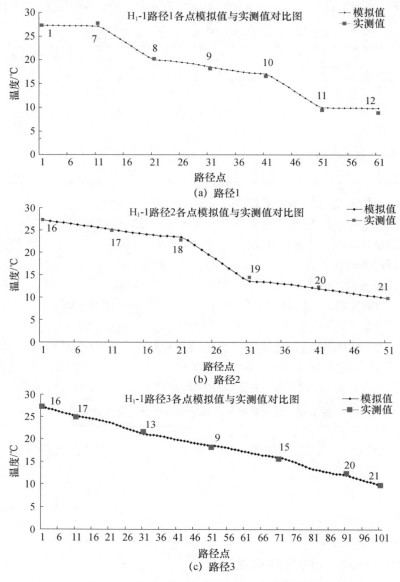

图 4-13　H_1-1 型砌块不同热流路径温度梯度

（2）H_2 型砌块内部温度分析

针对 H_2-1 型砌块，实测四条典型路径如图 4-14 所示。测点 9、10、16、17 与试验值之间的误差，主要是因为模拟采用的边界条件为测点 1、6 的实测温度，而试验结果表明测点 1 与 16、测点 6 与 19 存在微小温差，即误差为砌块外表面温度分布不均匀所致。

砌块内部测点 3、4 之间，测点 7、8 之间，测点 10、11 之间，测点 13、14 之间，测点 17、18 之间的温差明显高于其他相邻各点间的温差，说明秸秆压缩块热阻大，通过秸秆压缩块的热量较少，热量主要从砌块肋部流过。四条路径相比，路径 4 为明显的热流通道，但由于热流路径长，热量损失相对较少。

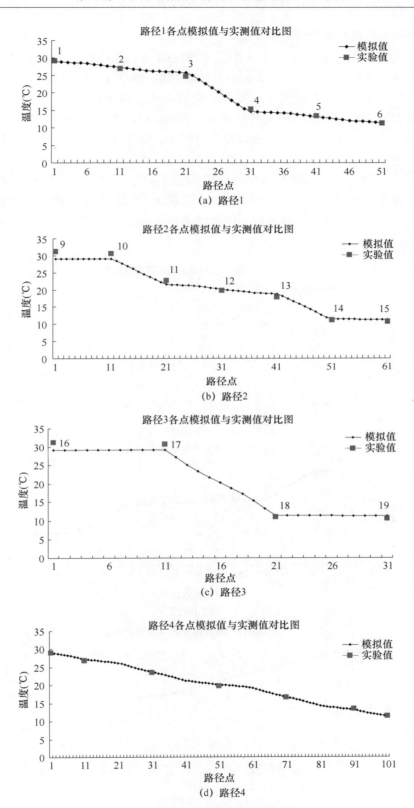

图 4-14　H_2-1 型砌块不同热流路径温度梯度

（3）Z_1型砌块内部温度分析

通过 Z_1-1 型砌块的路径 1 与路径 2 的温度梯度图 4-15（a）、图 4-15（b）可明显看出，测点 15、16 之间，测点 17、18 之间，测点 4、5 之间，测点 8、9 之间的温度变化明显，其间填充了夹心秸秆压缩块，热阻较好。从 Z_1-1 型砌块热电偶布置图 4-5 可以看出：路径 1 与路径 2 无明显差别，皆为 80mm 厚秸秆压缩块，110mm 厚砌块。其中路径 1 中测点 16、17 之间长度和路径 2 中测点 5 到测点 8 之间的距离相等，路径 1 经过的砂浆部分对保温效果影响较小。

图 4-15（c）表明，路径 3 的实测值与模拟值之间存在一定的相对误差，主要由于试验条件所限，没有布置到理想肋部位置，而模拟测点依据试验测点而来，但通过试验测点不能完全反映砌块肋部温度梯度规律，故采取了模拟测点在试验测点附近的方式，导致试验值与模拟值之间误差加大。

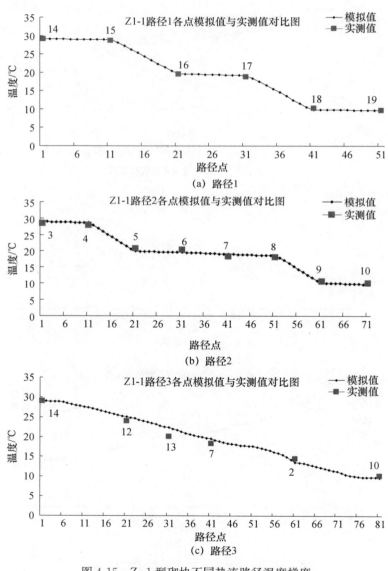

图 4-15　Z_1-1 型砌块不同热流路径温度梯度

（4）Z_2 型砌块内部温度分析

图 4-16 所示为 Z_2-1 型砌块内部各路径对应的温度梯度。其中，砌块 Z_2-1 型热电偶布置与 Z_1-1 型基本相同，路径 1 中测点 2、3 之间，路径 2 中测点 13、14 之间，测点 17、18 之间均填充了夹心秸秆压缩块，温度变化明显，热阻较好，其他部分为混凝土砌块，其热阻相对较小，保温效果差。从路径 3 可以看出混凝土砌块肋部温度梯度均匀，为明显的热流通道。

砌块 Z_2-1 型的表面测点 1 温度 29.19℃略低于测点 5 的 29.94℃，同样测点 12 的温度 29.23℃亦略低于测点 5 的 29.94℃，说明在秸秆压缩块对应部分热阻较强，热流通过砌块表面进行横向流动，从而说明增加热流路径有利于增加砌块热阻、减小热量损失。

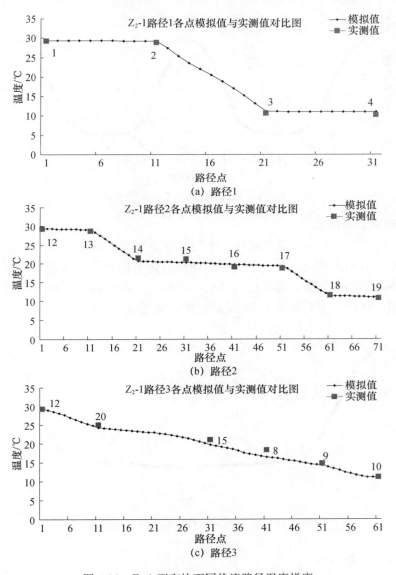

图 4-16　Z_2-1 型砌块不同热流路径温度梯度

综合四种块型的砌块内部温度梯度分析可知，混凝土夹心秸秆砌块的热流主要从热阻小并且路径最短的砌块肋部流过。温度分布特点：夹心秸秆压缩块处温度变化较大，热阻较大；

混凝土砌块部分温度变化相对较小，热阻较小。在不能完全阻断热流通道时，增加热流路径有利于减小热流损失，提高砌块保温隔热效果。

4.3.3 砌块表面热流分析

(1) H_1型砌块表面热流

提取 H_1-1 型砌块的表面热流值，从图 4-17 可以明显看出，砌块左、中、右热流值较大，相邻中间部分热流值很小，即砌块秸秆压缩块部分热流很小，热量通过热阻较小的肋部，越靠近肋部热流值明显增大，这是由于不同材料的热阻不同导致热流分布不均引起的。

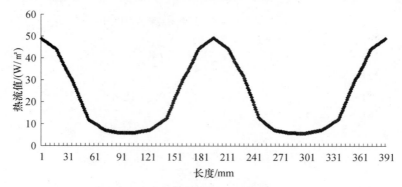

图 4-17　H_1-1 型砌块热箱侧表面热流密度

(2) H_2型砌块表面热流

H_2-1 型砌块为 H_1-1 型改进后的块型，中间部分全部填充秸秆压缩块，从图 4-18 可以明显看出，砌块左、右两侧热流值较大，相邻中间部分热流值很小，即秸秆压缩块部分热流很小，热量通过热阻较小的肋部，越靠近肋部热流值越大。该砌块通过提高秸秆压缩块填充率增加了砌块热阻，热流峰值明显低于 H_1-1 型砌块，保温效果良好。

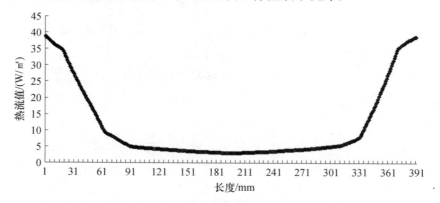

图 4-18　H_2-1 型砌块热箱侧表面热流密度

(3) Z_1型砌块表面热流

选取 Z_1 型砌块 285mm 长度内热流值如图 4-19 所示，从图中可以明显看出砌块左、右两侧热流值较大，相邻中间部分热流值很小，即秸秆压缩块部分热流很小，热量通过热阻较小的肋部，越靠近肋部热流值越大。且两侧热流值变化基本对称，说明砌块结构上热流分布相对对称，右侧约出现 10mm 的水平区段，是相邻砌块之间砂浆对应的热流值。

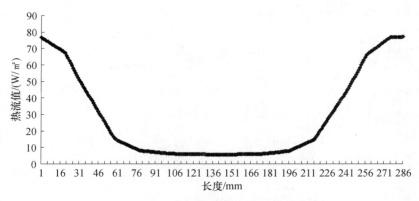

图 4-19　Z_1-1 型砌块热箱侧表面热流密度

（4）Z_2 型砌块表面热流

改进后的 Z_2-1 型砌块同样选取 285mm 长度内的热流值，从图 4-20 可以明显看出，砌块热流值较 Z_1-1 型砌块有进一步的降低，相邻中间部分热流值仍然很小，即秸秆压缩块部分热流很小，热量通过热阻较小的肋部，越靠近肋部热流值越大。中间秸秆压缩块部位热流值存在不均匀现象，说明秸秆压缩块部位热流往两侧流通的数量不同。

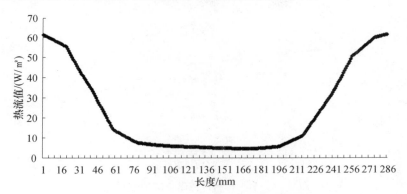

图 4-20　Z_2-1 型砌块热箱侧表面热流密度

4.3.4　砌块热工性能影响因素分析

（1）砌块肋厚

图 4-21 为肋厚 25mm、30mm 的砌块传热系数对比，其中肋厚 25mm 的混凝土夹心秸秆砌块比肋厚 30mm 的传热系数小；肋厚 25mm 的混凝土空心砌块比肋厚 30mm 的传热系数小。对比结果表明在满足砌块承重条件下，砌块肋厚越小，砌块的热阻越大，通过的热流越小，保温效果越好。

（2）砌块材料

由传热学基本理论可知，导热系数的数值表征物质导热能力的大小。不同材料砌块的导热能力由其本身材料属性决定，随着材料导热系数的减小，其热阻不断增加。即砌块材料对砌块热阻有最直接的影响。

（3）孔洞排数

从不同孔洞排数砌块传热系数图 4-22 可以看出：传热系数随着孔洞排数的增加而降低，

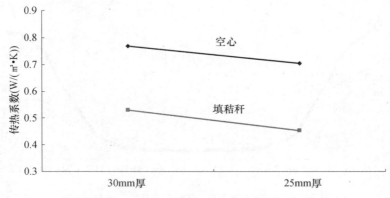

图 4-21　不同肋厚的混凝土夹心秸秆砌块传热系数

表明孔排数增加利于提高砌块保温性能。即砌块孔形不宜太大，特别是温差方向的孔形尺寸不宜过大；孔愈大，空气愈易对流，隔热保温效果愈差。所以在开孔面积一定的情况下，应该用多个小孔代替一个大孔，来限制孔内空气流动。

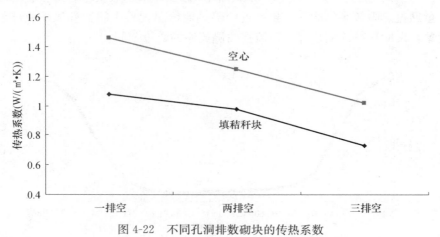

图 4-22　不同孔洞排数砌块的传热系数

（4）孔洞排列方式

孔洞排列方式直接影响传热路径长短，砌块设计中应充分考虑到"最长导热路线"的影响，尽量增长"路线"。以 3 排不同路径长度而言，路径 335mm 的传热系数为 0.8W/（m²·K）；路径 410mm 的传热系数为 0.7W/（m²·K）。结合孔洞排数的影响分析，运用多排小孔代替一个大孔，在温差方向上设置多排孔、错位孔等措施利于提高砌块热阻。砌块的隔热保温作用才能达到最佳节能效果。

（5）空心率

砌块的空心利于其保温，但就试验而言大空心率反而传热系数大，其原因是孔内空气在温差作用下，可以自由流动，使孔洞内既有空气的导热又有空气的对流传热，甚至在温差较大情况下，还要考虑辐射传热的影响。虽然目前用表观导热系数概念来定义孔内空气的导热系数，但它的数值与空气运动状态有关，即与孔的形状、大小、方向和温差以及骨料的含水率等因素有关，随机变化无法检查或计算出来。相同空心率砌块，其传热系数大小与孔的排列有关，传热系数随热流路径的增长而减小。图 4-23 为砌块空心率与传热系数的关系。

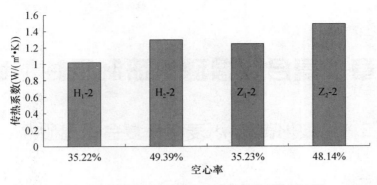

图 4-23　不同空心率砌块空心率与传热系数对比图

（6）填充材料

在密度、孔型、孔洞率和孔型分布一定的情况下，欲继续提高砌块的保温隔热性能，可以在砌块的孔洞中填放高效保温材料。由于当砌块中的空气层厚度超过 5mm 时，空气层内会出现对流换热现象，而对流换热强度随空气层厚度的增加而增强。保温材料的传热系数小，隔热保温性能很好。在砌块中插入保温材料，实际上就是避免了因砌块中空气层对流放热产生的热损失。从表 4-9 可以看出，在砌块孔洞中插入夹心秸秆压缩块，砌块的传热系数降低 21.60％～56.15％，说明填充夹心秸秆压缩块后保温效果理想。

第5章　复合保温砂浆研制及性能研究

5.1　玻化微珠-小麦秸秆复合保温砂浆

5.1.1　试验原材料

（1）膨胀玻化微珠

本文采用的膨胀玻化微珠产自青岛凤翔化工有限公司，产品性能指标见表5-1。

表5-1　玻化微珠性能指标

项目	指标
颗粒粒径（mm）	0.5～1.5
堆积密度（kg/m³）	80～200
筒压强度（kPa）	20～50
导热系数（W/（m·K））	0.020～0.045
吸水率（%）	≤45
漂浮率（%）	≥80
表面玻化闭孔率（%）	≥80
耐火温度（℃）	1000～1300
使用温度（℃）	800
燃烧性能	A级不燃

（2）小麦秸秆

小麦秸秆经粉碎使用，粉碎后粒径为2～15mm，秸秆化学成分见表5-2。

表5-2 小麦秸秆化学成分（%）

项目	纤维素	半纤维素	木质素	果胶质	灰分
指标	30.5	23.5	18	0.3	6.04

（3）水泥

试验水泥为中联 P·O 42.5 水泥，主要指标见表5-3。

表5-3　水泥的物理力学性能

项目	细度（m²·kg⁻¹）	标准稠度用水量（%）	凝结时间（min）		抗压强度（MPa）		抗折强度（MPa）	
			初凝	终凝	3d	28d	3d	28d
指标	342	26	185	235	23.4	46.3	5.1	8.7

（4）粉煤灰

试验用粉煤灰为泰安南电厂Ⅲ级粉煤灰，其成分组成指标见表5-4。

表 5-4　粉煤灰的化学成分组成

成分	CaO	MgO	Fe₂O₃	Al₂O₃	SO₃	SiO₂	烧失量	45μm 方孔筛筛余	需水量比	等级
含量（%）	5.15	1.03	15.13	27.22	1.68	36.39	13.2	38	110	Ⅲ级

（5）花岗岩石粉

试验用花岗岩石粉产自山东泰安某石材加工场，平均粒径 $19.375\mu m$，其粒径分布如图 5-1 和图 5-2 所示，试验时采用花岗岩石粉经 $80\mu m$ 筛筛选，粒径小于 $80\mu m$。

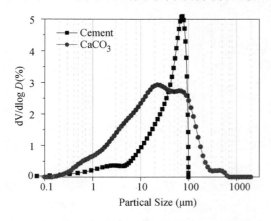

图 5-1　基准水泥与石粉的粒径分布微分曲线　　图 5-2　基准水泥与石粉的粒径分布曲线

（6）砂

试验用砂为中砂和标准砂。

（7）可再分散乳胶粉

试验采用泰安天润国美工贸有限公司生产的瓦克龙牌可再分散乳胶粉，型号 WKL-502，理化性能指标见表 5-5。

表 5-5　乳胶粉理化性能指标

项目	外观	颗粒度	堆积密度(g/L)	不发挥物(%)	强热残份(%)	pH 值	最低成膜温度(℃)
指标	白色粉末	≥80 目	500～600	≥98	10±2（1000℃）	5～8	0

（8）纤维素醚

试验用纤维素醚为山东光大科技发展有限公司 60 GD 系列羟丙基甲基纤维素（HPMC），具体技术指标见表 5-6。

表 5-6　HPMC 技术指标

项目	指标
羟丙基（%）	7.0～12.0
甲氧基（%）	28.0～32.0
水分（%）	≤5
灰分（%）	≤5
黏度（mpa.s）	5～200000
凝胶温度（℃）	56～64
透光率（%）	≥70
白度（%）	≥75
堆积密度（g/l）	370～420

（9）抗裂纤维

试验用抗裂纤维为泰安同伴纤维有限公司生产的聚乙烯醇纤维（PVA），技术指标见表 5-7。

表 5-7　聚乙烯醇纤维技术指标

项目	纤维直径（μm）	抗拉强度（MPa）	杨氏模量（GPa）	断裂伸度（%）	耐热水性（℃）	干热软化点（℃）	长度（mm）
指标	15±3	≥1200	≥35	6～11	≥98	≥216	6

(10) 水

水为自来水。

(11) 氢氧化钠

天津市凯通化学试剂有限公司生产，NaOH 含量不少于 96.0%。

5.1.2　试验方法

(1) 拌合物的制备和养护

保温砂浆的制备参照《建筑保温砂浆》（GB/T 20473—2006）进行，用水量根据拌合物稠度为（50±5）mm 确定，根据《建筑砂浆基本性能试验方法标准》（JGJ/T 70—2009）测试拌合物稠度。

拌合物分层装模，每层要轻微振捣。在（20±5）℃温度下，试件用聚乙烯膜覆盖，一般静停（48±4）h 后，编号拆模，个别组试件由于强度较低适当延长拆模时间。试件拆模后，放置于温度为（20±3）℃、相对湿度为 60%～80% 条件下，养护 28d。砂浆搅拌机如图 5-3 所示，试件养护如图 5-4 所示。

图 5-3　UJZ-15 型砂浆搅拌机

图 5-4　试件养护

(2) 干密度测定

保温砂浆干密度试验立方体试件尺寸为：70.7mm×70.7mm×70.7mm，在标准条件下养护 28d，参照《建筑保温砂浆》（GB/T 20473—2006），在（105±5）℃下烘干至恒重，取试件检测值的算术平均值作为干密度值。

(3) 抗压强度、抗折强度测定

抗压强度试件尺寸为：70.7mm×70.7mm×70.7mm，抗折强度试件尺寸为：40mm×40mm×160mm，试件养护 28d 后，烘干至恒重，按照《建筑砂浆基本性能试验方法标准》（JGJ/T 70—2009）进行强度检测。由于保温砂浆强度较低，压力机加载时应缓慢加载，加载速度可取 0.25kN/s。

(4) 压剪粘结强度测定

本文中压剪粘结强度测定，参照《硅酸盐复合绝热涂料》（GB/T 17371—2008）进行。

将保温砂浆涂抹于两片光滑瓷砖表面，养护 28d 后，先放到（50±5）℃电热鼓风干燥箱中烘48h，再用（105±5）℃烘干至恒重。试验时，压头以 5mm/min 速度下降，至试件破坏，压剪粘结强度值取算术平均值。压剪粘结强度试件及加荷示意图如图 5-5 所示。

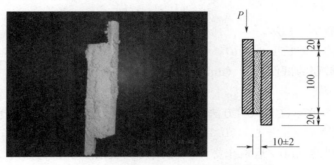

图 5-5　压剪粘结强度试件及加荷示意图

压剪粘结强度计算公式：

$$R_n = \frac{P}{A} \times 10^3 \tag{5-1}$$

式中　R_n——压剪粘结强度（kPa）；

　　　P——试件破坏时的荷载（N）；

　　　A——粘结面积（m^2）。

（5）导热系数测定

导热系数试件尺寸为：300mm×300mm×30mm，试件养护 28d 后，在（105±5）℃条件下烘干至恒重，冷却后参照《绝热材料稳态热阻及有关特性的测定防护热板法》（GB/T 10294—2008/ISO 8302：1991）进行导热系数测试，所用的 DHR-Ⅱ导热系数测试仪（护热平板法）如图 5-6 所示。

图 5-6　DHR-Ⅱ导热系数测试仪

DRH-Ⅱ导热系数测试仪（护热平板法）为湘潭湘仪仪器有限公司生产，主要技术指标：导热系数范围：0.015~2W/m·K；测试精度：≤±3%；热面温度范围：室温~95℃，分辨率为 0.01℃；冷面温度范围：室温~30℃，分辨率为 0.01℃，采用半导体制冷；电源：220V/50HZ；功率≤1kW；量热电源：电压 0~36V，分辨率为 0.01V；电流 0~3A，分辨率为 0.01A。

(6) 线收缩率测定

试件规格为 $40mm \times 40mm \times 160mm$，试件在标准条件下养护 56d，分别测量试件相应龄期的长度。线收缩率按式（5-2）计算：

$$\varepsilon = (L_0 - L_1)/L_0 \tag{5-2}$$

式中　ε——线收缩率（%）；

$\quad\quad L_0$——试件的初始长度（mm）；

$\quad\quad L_1$——不同龄期的试件长度（mm）。

(7) 软化系数测定

参照《建筑砂浆基本性能试验方法标准》（JGJ/T 70—2009）进行保温砂浆吸水率、软化系数测试，试件规格为 $70.7mm \times 70.7mm \times 70.7mm$。试件养护 28d 后，将其中 6 个试件浸入到（20 ± 2）℃的水中 48h，后取出擦干，测试其抗压强度 f_1；将另外 3 个试件表面水分擦干，称其质量 m_1，在（105 ± 5）℃条件下烘干至恒重，冷却至室温，称其质量 m_0，测试抗压强度 f_0。

吸水率按式（5-3）进行计算：

$$W = \frac{m_1 - m_0}{m_0} \times 100\% \tag{5-3}$$

式中　m_0——砂浆吸水前的质量（g）；

$\quad\quad m_1$——砂浆吸水后的质量（g）。

软化系数按式（5-4）进行计算：

$$K_R = f_1/f_0 \tag{5-4}$$

式中　K_R——软化系数；

$\quad\quad f_0$——抗压强度（MPa）；

$\quad\quad f_1$——饱水状态下的抗压强度（MPa）。

(8) 抗冻性测定

根据《建筑保温砂浆》（GB/T 20473—2006）规定，冻融循环次数为 15 次。参照《建筑砂浆基本性能试验方法标准》（JGJ/T 70—2009）进行试验。冷冻箱内温度控制为（-20 ± 5）℃～（20 ± 5）℃，每次冻结时间为 4h，融化时间为 4h。试件规格为 $70.7mm \times 70.7mm \times 70.7mm$ 的立方体试块，龄期为 28d。试验前 2d 将所需试件浸入水中，试件低于液面 20mm，2d 后，冻融试件进行冻融试验，对比试件进行标准养护。冻融循环结束前 2d，对比试件提前浸入水中，冻融结束后，擦干冻融试件和对比试件表面水分，分别进行抗压试验。冻融试件抗压强度平均值为 f_{m2}，对比试件抗压强度平均值为 f_{m1}。

强度损失率按式（5-5）计算：

$$\Delta f_m = \frac{f_{m1} - f_{m2}}{f_{m1}} \times 100 \tag{5-5}$$

式中　Δf_m——冻融循环保温砂浆强度损失率（%）；

$\quad\quad f_{m2}$——冻融试件抗压强度平均值（MPa）；

$\quad\quad f_{m1}$——对比试件抗压强度平均值（MPa）。

5.1.3　小麦秸秆碱处理

本试验的目的是探索小麦秸秆的碱处理方法，确定碱溶液的质量分数、浸泡时间以及相关的处理程序。本试验以哈尔滨工业大学材料科学与工程学院李家和教授关于秸秆处理的研究为蓝本，进行小麦秸秆的碱处理试验。即采用不同质量分数的 NaOH 溶液对小麦秸秆浸泡不同时间，以小麦秸秆质量损失率表征小麦秸秆中糖类物质溶出率，找出小麦秸秆预处理方法，并通过扫描电子显微镜（SEM）图片对比、分析小麦秸秆处理前后的形貌，为小麦秸秆材料的开发提供支持。

（1）试验方法

首先，常温常压下，将 6 组质量为 M_1 的小麦秸秆浸入 NaOH 溶液中，NaOH 溶液的质量分数分别为 0、2%、4%、6%、8%、10%，浸泡时间分别为 6h、12h、24h、48h；将 NaOH 溶液浸泡后的小麦秸秆清洗至 pH 值约为 7，干燥，并称量小麦秸秆的质量为 M_2。以小麦秸秆质量损失率表征小麦秸秆中糖类物质的溶出率，小麦秸秆质量损失率按下式计算：

$$小麦秸秆质量损失率 = \frac{M_1 - M_2}{M_1} \times 100\% \tag{5-6}$$

式中　M_1——最初称量的小麦秸秆质量（g）；

M_2——NaOH 处理后的小麦秸秆质量（g）。

通过以上所述试验，分析试验结果数据，选出小麦秸秆碱处理所适宜的 NaOH 浓度和浸泡时间，进行验证试验。通过扫描电子显微镜图片，观察秸秆碱处理前后的形貌，分析碱处理效果。碱处理后小麦秸秆部分试样如图 5-7 所示。

图 5-7　碱处理后小麦秸秆试样

（2）碱处理对小麦秸秆质量损失率的影响

小麦秸秆在质量分数为 0、2%、4%、6%、8%、10% 的 NaOH 溶液分别浸泡 6h、12h、24h、48h 后的质量损失率，如图 5-8 所示。分析可知，随浸泡时间的延长，每一组碱溶液中的小麦秸秆的质量损失率均增加。前 12h，小麦秸秆质量损失率曲线斜率大，小麦秸秆质量损失速度较快，当浸泡时间超过 24h 后，秸秆质量损失率变化趋于稳定。浸泡时间在 48h 时，质量分数为 8% 和 10% 的碱溶液中，小麦秸秆质量损失率相差不大。由此说明，小麦秸秆的碱浸泡时间为 24h 时，可以达到良好的除糖处理效果。

不同浸泡时间随 NaOH 质量分数变化时，根据试验结果，得到小麦秸秆质量损失率曲线如图 5-9 所示。分析可知，当小麦秸秆碱浸泡时间相同时，随 NaOH 质量分数的增加，小麦秸秆质量损失率不断增大。NaOH 溶液质量分数范围在 0~6% 时，各组小麦秸秆质量损失率变化显著。NaOH 溶液质量分数超过 6% 时，小麦秸秆质量变化幅度不大，各组质量损失率变化曲线趋于平缓，最好情况为 52.5%。在试验条件下，浸泡时间为 48h，NaOH 溶液质量分数为 4%、6%、8%、10% 时，小麦秸秆的质量损失率分别为 44.75%、50.15%、52.5%、52.5%。由此可见，NaOH 溶液的质量分数在 4%~10% 时，小麦秸秆的质量损失幅度较 0~4% 时小。同时，考虑到 P·O42.5 水泥孔隙液的 pH 值最高约为 13.7，为防止碱骨料反应的

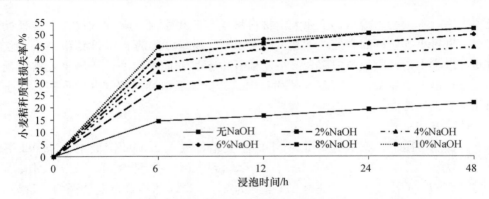

图 5-8　小麦秸秆质量损失率随时间的变化规律

发生，并从经济性出发，选 NaOH 溶液的质量分数为 3.5%（pH=13.88），作为本研究的适宜浸泡溶液。

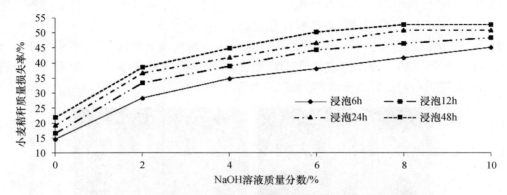

图 5-9　小麦秸秆质量损失率随 NaOH 质量分数的变化规律

根据以上研究结果，用质量分数为 3.5% 的 NaOH 溶液，将小麦秸秆浸泡不同时间，小麦秸秆质量损失率变化曲线如图 5-10 所示。从图 5-10 可以明显看出，浸泡时间在 6h 内时，小麦秸秆在碱溶液中，质量损失速度最大。随着时间增加，小麦秸秆质量损失越来越多，浸泡时间在 24～48h 时小麦秸秆质量变化趋于平缓。当浸泡时间为 6h 时，小麦秸秆质量损失率为 33.15%；当浸泡时间为 48h 时，小麦秸秆质量损失率为 43.1%，前者仅为后者的 76.9%；当浸泡时间为 24h 时，小麦秸秆质量损失率为 40.65%，达到浸泡时间为 48h 小麦秸秆质量损失率的 94.3%。因此，将小麦秸秆的浸泡时间确定为 24h。

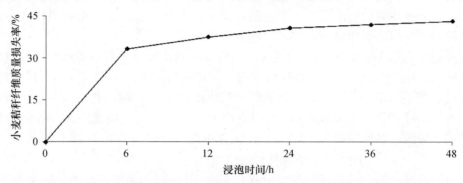

图 5-10　小麦秸秆质量损失率曲线（NaOH 质量分数为 3.5%时）

　　根据试验结果，得到小麦秸秆的碱处理方法为：将小麦秸秆浸入质量分数为 3.5％的 NaOH 溶液中，浸泡 24h，充分清洗至 pH 值约为 7，最后摊开、干燥。

（3）碱处理后小麦秸秆 SEM 图片分析

　　对小麦秸秆进行碱处理，小麦秸秆在质量分数为 3.5％的 NaOH 溶液浸泡 24h 后，用扫描电子显微镜（SEM）分别观察未经过碱处理的小麦秸秆和碱处理后的小麦秸秆，放大倍数分别为 50 倍和 200 倍，扫描电子显微镜图片如图 5-11 所示。

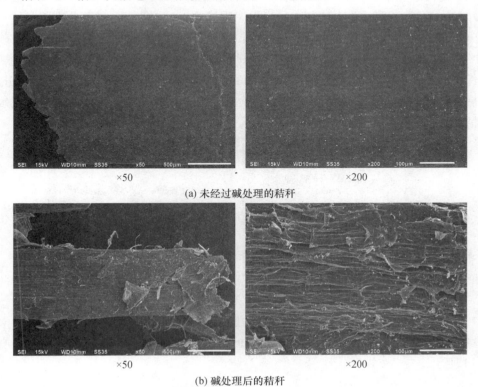

图 5-11　小麦秸秆碱处理前后 SEM 图片

　　从图 5-11 可以看到，小麦秸秆处理前表面平滑，经过碱浸泡处理后，秸秆表面变得粗糙、不平整、呈凹凸状。由图 5-11（b）可知，从放大 50 倍的图片可以看出，小麦秸秆没有破碎，内部细丝纤维没有出现零散现象，秸秆表面完整；从放大 200 倍的图片中看到，小麦秸秆表面的蜡质层被破坏，露出秸秆内部中空维管束纤维构造。由此得出，采用质量分数为 3.5％的 NaOH 溶液进行浸泡 24h，是适宜的预处理方式，它能破除秸秆表面的蜡质层，溶出秸秆中的糖类物质，但对秸秆内部中空维管束破坏较小，这样不但能保证秸秆的保温性能，而且能提高秸秆与水泥浆体结合界面的机械咬合力。

5.1.4　小麦秸秆对水泥砂浆性能的影响

　　5.1.3 节阐述了小麦秸秆的碱处理方法，由于秸秆中糖类物质对水泥水化有阻碍作用，本节旨在通过水泥胶砂试验，对比不掺秸秆、掺未处理秸秆、掺碱处理秸秆三组水泥胶砂试验结果，结合扫描电子显微镜图片，分析小麦秸秆对水泥砂浆不同龄期的抗压强度、抗折强度以及水泥水化产物的形貌特征的影响情况，为保温砂浆配合比试验提供依据。

（1）试验方法

本试验中，所用砂为标准砂，所用小麦秸秆经过质量分数为 3.5％的 NaOH 溶液浸泡 24h，再清洗至 pH 值约为 7，晾干。所用试验仪器有 JJ-5 型水泥胶砂搅拌机（ISO-679）、WA-100 万能试验机、JSM-6610LV 型扫描电子显微镜等。

首先，水泥胶砂试样的配合比按标准质量配合比，即 m（水泥）：m（标准砂）：m（水）＝450：1350：225，小麦秸秆掺量为水泥质量的 4％，即 18。试验分别制备了三组胶砂试样，分别为：D0 组未掺小麦秸秆水泥胶砂试样、D1 组掺未处理小麦秸秆水泥胶砂试样和 D2 组掺经碱处理小麦秸秆水泥胶砂试样。各材料放入搅拌机，经搅拌机搅拌后振动成型，在标准条件下养护，同时进行试件 3d、7d、28d 的抗折强度、抗压强度的测定，最后分析数据。

最后，试验对龄期为 28d 的水泥胶砂试样进行扫描电子显微镜拍照，分析水泥水化产物的形貌情况，部分试样如图 5-12 所示。

图 5-12　水泥胶砂试样

（2）小麦秸秆对水泥胶砂试样力学性能的影响

1）各组水泥胶砂试样 3d、7d、28d 的抗折强度柱状图如图 5-13 所示，抗压强度柱状图如图 5-14 所示。

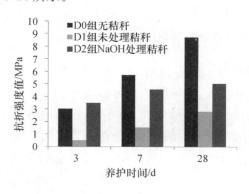

图 5-13　抗折强度

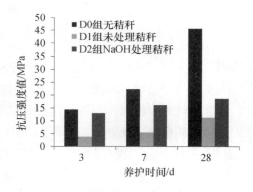

图 5-14　抗压强度

通过分析可知，D1 组试样的 3d、7d、28d 的抗压强度和抗折强度均低于 D0 组和 D2 组。D2 组试样的 3d 和 7d 抗折强度与抗压强度对比 D1 组试样有较大的提高，前者 3d 抗折强度和抗压强度分别为 3.48MPa 和 13.09MPa，分别是后者的 6.69 倍和 3.43 倍。随着养护时间的延长，三组水泥胶砂试样的强度均增加，但 D2 组试样的 7d 抗折强度和抗压强度均比 D1 组高，前者 7d 抗折强度和抗压强度是后者的 3 倍和 2.94 倍，前者 28d 抗折强度和抗压强度是后者 28d 深度的 1.78 倍和 1.66 倍，达到 5.03MPa 和 18.72MPa。但与 D0 组试样相比，除 3d 龄期强度相差无几外，7d 和 28d 的抗折强度和抗压强度均大幅降低，D2 组试样的抗折强度和抗压强度为 D0 组的 57.68％和 40.92％。

进一步分析可知，当养护龄期为 3d 时，D2 组试样与 D0 组试样的抗折强度和抗压强度相差不大，而随着养护时间的增长，强度差别逐渐变得明显，最后到 28d 时，强度相差近 50％。进行分析可知，这是因为在短时间内，碱处理过的小麦秸秆吸收水泥浆体中的水分少，秸秆中溶出的糖类物质少，还无法对水泥水化起到很大的影响作用；但随着时间的延长，秸秆吸收的水分越来越多，秸秆中的糖类物质也逐渐溶出，水泥水化受到阻碍，试样的抗折强度和抗压强度因此逐渐降低。更重要的是，与 D1 组试样的对比可以发现，3d 时 D2 组抗折强度和抗压强度均远远高于 D1 组，这有力地说明了经过碱处理的小麦秸秆，其再浸水萃取出的糖类物质减少；从 28d 的 D2 组与 D1 组强度对比也说明，小麦秸秆虽经过碱处理，但浸水后仍然有糖类物质溶出，进而对 28d 水泥强度有负面影响。龄期为 3d 时，D2 组试样的抗折强度较 D0 组大，这主要是因为小麦秸秆起到了抗拉作用，试件受力时，秸秆承担了部分拉力。

2）折压比是抗折强度与抗压强度的比值，各组水泥胶砂试样 3d、7d、28d 的折压比柱状图如图 5-15 所示。分析可知，D2 组试样的折压比明显比 D0 组和 D1 组大，28d 龄期时 D1 组试样的折压比比 D0 组大，可以说明，掺加小麦秸秆，能改善水泥基复合材料的韧性，增强水泥基复合材料的抗裂性能。这主要是由于小麦秸秆起到了抗拉作用，试件受力时，秸秆承担了部分拉力。

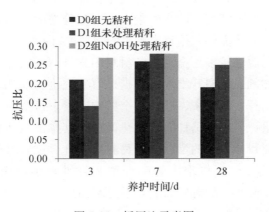

图 5-15　折压比示意图

5.1.5　玻化微珠-小麦秸秆复合保温砂浆正交试验

本试验为制备玻化微珠-小麦秸秆复合保温砂浆的关键环节，以保温砂浆的三个性能指标干密度、抗压强度和导热系数为主要参考，旨在通过多因素多水平正交试验，分析各因素对保温砂浆上述性能指标的影响，从而获得各因素的一个基本配合比，并积累试验数据，分析玻化微珠-小麦秸秆复合保温砂浆的性能形成机理，为后期的配合比优化提供支持。

（1）试验方法

本试验中，所用砂为标准砂和中砂，所用小麦秸秆经过质量分数为 3.5％的 NaOH 溶液浸泡 24h，再清洗至 pH 值约为 7，晾干。制备砂浆，养护 28d 后进行相关检测。所用试验仪器有 JJ-5 型水泥胶砂搅拌机（ISO-679）、WA-100 万能试验机、DRH-Ⅱ导热系数测试仪（护热平板法）等。

首先，根据试验目的，理论分析干粉保温砂浆中各材料因素对保温砂浆的影响，并结合本文研究内容，选择适当的影响因素和因素水平，选取正交试验表，进行正交试验设计。

其次，对试验结果进行直观分析和极差分析，分析各因素对保温砂浆干密度、抗压强度和导热系数三者的影响规律，根据试验结果和分析结论，选出适宜的基本配合比，为后期配合比优化提供依据。

最后，分析掺有小麦秸秆的保温砂浆性能机理，为后期优化试验提供理论支持。

（2）正交试验设计

对保温材料只有玻化微珠的保温砂浆的配合比研究已经比较成熟，而要配制玻化微珠-小麦秸秆复合保温砂浆，就需要进行多因素试验，即正交试验，以优化砂浆的配合比。

从对玻化微珠保温砂浆的配合比研究中发现，玻化微珠掺量是影响保温砂浆力学性能和保温性能的最主要因素，小麦秸秆对水泥石强度有影响，其自身的轻质保温结构对砂浆的保温性能亦有影响，因此玻化微珠和小麦秸秆作为影响因素考虑。水泥作为最主要的胶凝材料，对砂浆强度影响较大，同时也会影响到砂浆的导热系数，而粉煤灰、硅灰、重钙粉等掺合料能取代水泥，一方面减少了水泥用量，降低了砂浆导热系数，另一方面对砂浆强度有一定影响，因此要对胶凝材料和掺合料进行分析。外加剂对保温砂浆具有良好的改性功能，一般所占比例较少，且外加剂价格高，一般根据已有配比掺加。抗裂纤维能够分散在砂浆中，提高砂浆的抗裂性能，其掺量适宜即可。砂在砂浆中起到暗骨架的作用，已有的保温砂浆配合比中砂并不是确定的组份，具体需要根据整个砂浆的强度进行考虑。

由于影响保温砂浆的因素较多，全部对各材料因素进行考察非常困难，也非必要。像保温砂浆中的掺合料、外加剂、抗裂纤维等可根据已有研究进行掺加。综合考虑，本次正交试验选取玻化微珠、小麦秸秆、粉煤灰、砂共 4 个影响因素，每个因素取 3 个水平。其中玻化微珠掺量按保温砂浆质量计；小麦秸秆取代玻化微珠，其掺量按玻化微珠质量计；粉煤灰取代水泥，其掺量按水泥质量计，砂的量以胶凝材料质量计。试验材料配合比中，可再分散乳胶粉掺量为胶凝材料质量的 2%，聚丙烯醇纤维和纤维素醚组份分别为胶凝材料质量的 0.6%，根据课题组研究成果，花岗岩石粉取代水泥量为 20%，水的用量根据砂浆稠度以（50±5）mm 为准。

正交试验的选取因素与因素水平见表 5-8。

表 5-8　选取因素及因素水平（%）

水平	因素			
	A 玻化微珠	B 小麦秸秆	C 粉煤灰	D 砂
1	30	4	10	10
2	40	8	20	15
3	50	12	30	20

正交试验方案选取 L_9（3^4），见表 5-9。

表 5-9 正交试验方案

试验编号	因素			
	A	B	C	D
1	1 (30%)	1 (4%)	1 (10%)	1 (10%)
2	1 (30%)	2 (8%)	2 (20%)	2 (15%)
3	1 (30%)	3 (12%)	3 (30%)	3 (20%)
4	2 (40%)	1 (4%)	2 (20%)	3 (20%)
5	2 (40%)	2 (8%)	3 (30%)	1 (10%)
6	2 (40%)	3 (12%)	1 (10%)	2 (15%)
7	3 (50%)	1 (4%)	3 (30%)	2 (15%)
8	3 (50%)	2 (8%)	1 (10%)	3 (20%)
9	3 (50%)	3 (12%)	2 (20%)	1 (10%)

(3) 正交试验结果与讨论

正交试验结果见表 5-10。分析可以直观看出，除玻化微珠掺量为 50% 的三组试件外，其他 6 组试件的抗压强度均满足《建筑保温砂浆》（GB/T 20473—2006）标准中 II 型保温砂浆性能要求；除玻化微珠掺量为 30% 的两组试件外，其他试件的导热系数也满足标准要求；对于干密度，只有第 7 组试件满足《建筑保温砂浆》（GB/T 20473—2006）标准中 II 型保温砂浆 300~400kg/m³ 要求，但第 8、9 组试件干密度与标准相差不大。导热系数满足《建筑保温砂浆》（GB/T 20473—2006）标准中 I 型保温砂浆不低于 0.07W/（m·K）要求的只有第 9 组试件，其导热系数为 0.069W/（m·K），但该组试件干密度较大。除最后三组试件外，其他组试件的抗压强度都在 1.0MPa 以上，远大于标准要求的 0.4MPa。

表 5-10 正交试验结果

试验编号	因素				稠度 (mm)	导热系数 (W/m·K)	抗压强度 (MPa)	干密度 (kg/m³)
	A	B	C	D				
1	1 (30%)	1 (4%)	1 (10%)	1 (10%)	50±5	0.090	1.71	556.84
2	1 (30%)	2 (8%)	2 (20%)	2 (15%)	50±5	0.081	1.14	565.83
3	1 (30%)	3 (12%)	3 (30%)	3 (20%)	50±5	0.087	1.23	587.21
4	2 (40%)	1 (4%)	2 (20%)	3 (20%)	50±5	0.074	1.20	456.65
5	2 (40%)	2 (8%)	3 (30%)	1 (10%)	50±5	0.075	1.27	506.05
6	2 (40%)	3 (12%)	1 (10%)	2 (15%)	50±5	0.074	1.36	566.15
7	3 (50%)	1 (4%)	3 (30%)	2 (15%)	50±5	0.072	0.37	397.88
8	3 (50%)	2 (8%)	1 (10%)	3 (20%)	50±5	0.070	0.22	405.89
9	3 (50%)	3 (12%)	2 (20%)	1 (10%)	50±5	0.069	0.18	429.44

极差分析，也称方差分析，在考虑某一因素的影响时，认为其他因素对试验结果的影响是均衡的，从而得到该因素各水平对试验结果影响的差异是由于该因素本身引起的。极差分析，可以在试验范围内，得到各因素对试验指标的影响程度大小，以及试验指标随着各因素的变化趋势，从中也能得到使试验结果最好的因素水平条件。对试验结果数据进行极差分析，正交试验极差分析见表 5-11。

表 5-11　正交试验极差分析表

性能	均值与极差	A	B	C	D
导热系数 （W/（m·K））	K_1	0.258	0.236	0.234	0.234
	K_2	0.223	0.226	0.224	0.227
	K_3	0.221	0.230	0.234	0.231
	k_1	0.086	0.079	0.078	0.078
	k_2	0.074	0.075	0.075	0.076
	k_3	0.070	0.077	0.078	0.077
	R	0.016	0.003	0.003	0.002
抗压强度 （MPa）	K_1	4.08	3.28	3.29	3.16
	K_2	3.83	2.63	2.52	2.87
	K_3	0.77	2.77	2.87	2.65
	k_1	1.36	1.09	1.10	1.05
	k_2	1.28	0.88	0.84	0.96
	k_3	0.26	0.92	0.96	0.88
	R	1.10	0.22	0.26	0.18
干密度 （kg/m³）	K_1	1709.88	1411.37	1528.88	1492.33
	K_2	1528.85	1477.77	1451.92	1529.86
	K_3	1233.21	1582.80	1491.14	1449.75
	k_1	569.96	470.46	509.63	497.44
	k_2	509.62	492.59	483.97	509.95
	k_3	411.07	527.60	497.05	483.25
	R	158.89	57.14	25.65	26.70

根据极差分析结果可知：

1）对保温砂浆导热系数的影响，各因素的主次顺序为 A→B＝C→D，即玻化微珠是占主要地位，小麦秸秆与粉煤灰影响程度相当。从表 5-11 中得到，随着玻化微珠掺量的增加，砂浆导热系数有明显的改善；随秸秆的增加，导热系数减小；随着粉煤灰掺量增加，导热系数降低。四个因素中砂对保温砂浆导热系数影响最小，对导热系数的影响趋势不明显。

2）四个因素对保温砂浆抗压强度影响的程度大小为 A→C→B→D，即玻化微珠作为首要因素影响着保温砂浆抗压强度；粉煤灰对抗压强度的影响程度比小麦秸秆的影响程度大，主要是因为粉煤灰取代了水泥，单位体积内水泥浆减少，导致强度降低；而少量的秸秆对砂浆强度影响较小。砂对保温砂浆抗压强度的影响程度最小，对抗压强度影响趋势不明显。

3）四个因素对保温砂浆干密度影响的程度大小为 A→B→D→C，即玻化微珠作为主导地位影响着保温砂浆干密度；小麦秸秆处于次要地位，因为少量的小麦秸秆取代了玻化微珠使得保温砂浆在单位体积内质量增加，不能起到减小保温砂浆干密度的作用，反而会适得其反，小麦秸秆轻质特征没有发挥出来，需要小麦秸秆改变掺加方式，以求干密度达到标准要求。

根据试验结果，基于本研究所期望达到资源再利用，尽量提高小麦秸秆的掺加量，以及需要满足保温砂浆所要求的基本干密度、抗压强度和导热系数指标，选择出适宜的保温砂浆配合比为：A3B1C3D1。

因考虑到后面将会进行单掺小麦秸秆的优化试验，本节中的基本配合比中不考虑小麦秸秆这一因素，因此，根据正交试验结果及分析，确定玻化微珠-小麦秸秆复合保温砂浆的基本配合比，见表 5-12。

表 5-12　玻化微珠-小麦秸秆保温砂浆基本配合比

玻化微珠	水泥	粉煤灰	花岗岩石粉	砂	可再分散乳胶粉	纤维素醚	聚乙烯醇纤维
75	50	30	20	10	2	0.6	0.6

（4）玻化微珠-小麦秸秆复合保温砂浆机理分析

影响保温砂浆发展的因素，主要有两个方面：一是轻质量与高强度的矛盾；二是低导热与高吸水率的矛盾。本文通过正交试验，分析了玻化微珠、小麦秸秆、粉煤灰、砂四个因素对保温砂浆干密度、抗压强度和导热系数的影响，对保温砂浆的机理分析如下。

1）保温机理分析

玻化微珠作为主要的保温骨料，保温性能最好，随着掺量的增加，砂浆导热系数逐渐减小，掺量越多保温性能越好。这主要是因为玻化微珠内部结构为多孔空腔结构，表面为玻璃质封闭硬壳，因此玻化微珠吸水率低、热传递少。小麦秸秆中有大量中空维管束，具有轻质、保温特征，将其掺入砂浆中能够形成无数秸秆质孔阻断孔隙连接通道，减小气体分子的热对流。虽然正交试验中保温砂浆的干密度较大，但砂浆的保温性能仍然很好。此外，花岗岩石粉和粉煤灰取代水泥，使得非闭合孔隙量降低，减少砂浆内部空气热对流，砂浆整体热工性能有一定提高。

2）强度形成机理分析

从本文试验结果看，玻化微珠是影响抗压强度的主要因素。因为玻化微珠内部的中空结构，加之其本身抵抗压力的能力就差，在受压时玻璃质硬壳会被压碎；玻化微珠比表面积大，其掺量越多，水泥浆体对骨料的包裹效果就越小，砂浆的强度随之降低。另一方面，前期试验结果已经说明碱处理后的小麦秸秆，其中的糖类物质依然会阻碍水泥凝结硬化，影响水泥水化，导致水泥石强度降低；秸秆的掺入使得水泥浆体中强度组成的体积分数减少，从而降低了水泥的强度。掺入花岗岩石粉，石粉颗粒填充于砂浆孔隙中，砂浆密实度提高，强度增加。

3）砂浆干密度分析

轻质的玻化微珠决定了保温砂浆的干密度。正交试验中各组试件干密度普遍较大，一是因为小麦秸秆替代了玻化微珠，少量秸秆填充于砂浆的缝隙中，导致单位体积内质量增加；二是试验中没有掺入发泡剂等外加剂以增加砂浆孔洞数量，使砂浆干密度相对增大。

5.1.6　玻化微珠-小麦秸秆复合保温砂浆配合比优化

（1）玻化微珠的质量占砂浆总质量的 40％时

1）试验方法

本试验中，所用砂为中砂，所用小麦秸秆经过质量分数为 3.5％的 NaOH 溶液浸泡 24h，再清洗至 pH 值约为 7，晾干。所用试验仪器有 JJ-5 型水泥胶砂搅拌机（ISO-679）、WA-100 万能试验机、DRH-Ⅱ导热系数测试仪（护热平板法）、混凝土冻融循环仪等。

优化试验Ⅰ所依据的基本配合比见表 5-12，配比中玻化微珠的质量占砂浆总质量的 40％，小麦秸秆采取直接掺加的方法，小麦秸秆掺量分别为玻化微珠质量的 8％、16％、

24％、32％、40％。水的用量根据砂浆稠度以（50±5）mm 为准。

　　保温砂浆搅拌均匀后装模成型，拆模后在标准条件下养护至 28d，分别依据相关标准进行干密度、抗压强度、导热系数、吸水率、线收缩率、压剪粘结强度、软化系数、冻融试验等相关检测。试样图片如图 5-16 所示。

图 5-16　保温砂浆图片

2）小麦秸秆掺量对保温砂浆性能指标的影响

　　图 5-17 所示各图为小麦秸秆掺量对保温砂浆各性能指标的影响规律。

　　从图 5-17（a）和图 5-17（b）中可以看到，随秸秆掺量增多，保温砂浆的干密度和抗压强度都是先增加后减小，当秸秆掺量为 8％时二者达到最大值，干密度为 448kg/m³，抗压强度为 1.23MPa。分析其原因，当秸秆掺量为 8％时，此时秸秆较少时，充填到保温砂浆的结构孔缝中，导致密度增加；此时，同花岗岩石粉一起起到填充作用，砂浆密实度提高，使得砂浆本身强度有一定改善。砂浆强度在秸秆掺量为 8％时最大，还因为少量秸秆能够提高砂

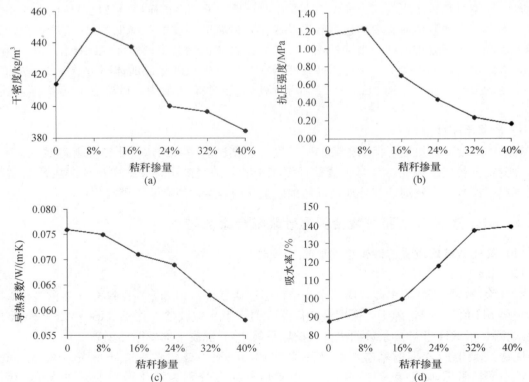

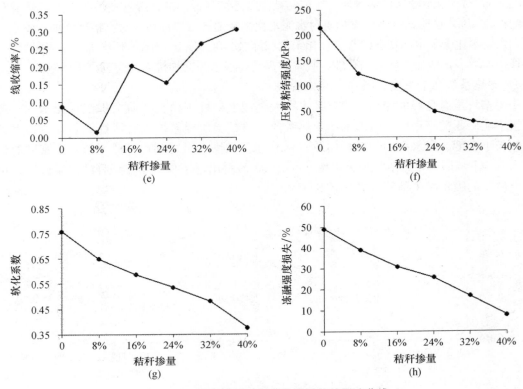

图 5-17　秸秆掺量对保温砂浆性能的影响曲线

浆韧性，砂浆受力时，秸秆起到了抗拉作用；并且此时秸秆中糖类物质的阻碍作用远小于秸秆的抗拉效应，其对水泥石的影响性状没有显现。随着秸秆继续增多，秸秆的轻质特征得到发挥，砂浆干密度逐渐降低，抗压强度也随之减小，当掺量为 24％时，二者均能达到标准要求。分析原因，一方面秸秆中糖类物质阻碍水泥水化，水泥水化产物质量下降，秸秆的负面效应已远超过其抗拉作用；另一方面秸秆增多，砂浆单位体积包裹的水泥浆体量减少，再加上秸秆的低强度，最终使得砂浆结构疏松，抗压强度逐渐下降。

因为秸秆有轻质、保温、吸水的特性，随秸秆掺量的增加，砂浆导热系数会降低，吸水率会增加。图 5-17（c）中，秸秆量在 0～8％范围内，导热系数变化缓慢，是由于少量的小麦秸秆不能明显表现出轻质、保温性质；之后随秸秆的大量掺入，其保温特性得到发挥，导热系数大幅降低。当秸秆掺量为 24％时，砂浆导热系数为 0.069 W/（m·K），已满足《建筑保温砂浆》（GB/T 20473—2006）标准中 I 型保温砂浆要求。另外，水泥水化程度的降低，也导致砂浆整体导热性能降低，对导热系数也有一定影响。图 5-17（d）中，秸秆掺量在 0～16％时，由于可再分散乳胶粉遇水溶解成乳液堵塞秸秆的毛细孔，秸秆吸水减少；掺量 16％～32％范围内，保温砂浆结构变疏松，包裹秸秆的水泥浆体减少，秸秆吸水变化增大；最后，秸秆掺量达到饱和，吸水率变化幅度变小。

图 5-17（e）显示保温砂浆的线收缩率随秸秆掺量增加呈"W 形"走势。这充分说明秸秆的抗拉作用与秸秆中糖类物质的负面影响的关系，秸秆少，水泥水化受影响小，砂浆收缩小；秸秆掺量增加，砂浆强度逐渐降低，砂浆收缩大。在不同秸秆掺量时，秸秆的抗拉作用与秸秆掺量和其中糖类物质的负面效应的大小不一，前者大于后者时，线收缩率就小，反之变大。

图 5-17（f）显示随秸秆量增加，压剪粘结强度逐渐降低，秸秆掺量小于 24% 时，压剪粘结强度约在 50kPa，说明秸秆中糖类物质对水泥水化影响随掺量增加而增大。秸秆增加，砂浆结构疏松和水泥水化受限也体现在砂浆的软化系数和冻融强度损失上，随秸秆增加，二者随之降低。即秸秆掺加增多，增加了砂浆的孔隙，吸水率提高，遇水强度和抗冻性受到严重影响。

3）导热系数与干密度、吸水率的关系

小麦秸秆虽有良好的保温性能但吸水率大，加上秸秆中糖类物质会抑制水泥水化，这将会直接影响砂浆的干密度、吸水率和导热系数。对试验所得数据进行线性回归计算，得到导热系数与干密度、吸水率的关系，如图 5-18 所示。从图中可看到，导热系数与干密度的相关系数为 0.609，小于导热系数与吸水率的 0.934，故得出对于掺有小麦秸秆的保温砂浆，可以由保温砂浆的吸水率来估算其导热系数。

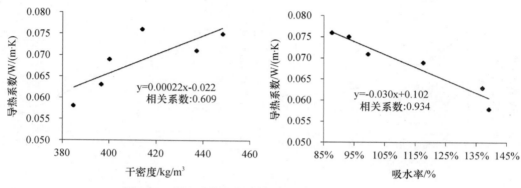

图 5-18　保温砂浆导热系数与干密度和吸水率的关系

综上所述，因为受到材料质量的限制，根据本试验的结果分析小麦秸秆的掺量不应大于 24%，受环境、温度等条件限制时需要适当减少。

（2）玻化微珠的质量占砂浆总质量的 45% 时

1）试验方法

为进一步提高小麦秸秆掺加量，在前述基础上，将玻化微珠的质量分数优化为 45%，优化试验基本配合比见表 5-13。小麦秸秆采取直接掺加的方法，掺量分别为玻化微珠质量的 6%、12%、18%。水的用量根据砂浆稠度以（50±5）mm 为准。保温砂浆搅拌均匀后装模成型，拆模后在标准条件下养护至 28d，分别依据相关标准进行干密度、抗压强度、导热系数、吸水率、线收缩率、压剪粘结强度、软化系数、冻融试验等相关检测。

表 5-13　玻化微珠-小麦秸秆复合保温砂浆基本配合比（玻化微珠质量分数 45%）

玻化微珠	水泥	粉煤灰	花岗岩石粉	砂	可再分散乳胶粉	纤维素醚	聚乙烯醇纤维
92	50	30	20	10	2	0.6	0.6

2）小麦秸秆掺量对保温砂浆性能指标的影响

图 5-19 所示各图为小麦秸秆掺量对保温砂浆各性能指标的影响规律。从图 5-19 各图可以看到玻化微珠质量分数为 45% 时，保温砂浆各性能指标与秸秆掺量的关系同玻化微珠质量分数为 40% 时结果一致。

从图 5-19（a）和图 5-19（b）中可以看到，随秸秆掺量增多，保温砂浆的干密度和抗压强度都是先增加后减小，当秸秆掺量为 12% 时干密度为 368kg/m³，抗压强度为 0.38MPa，

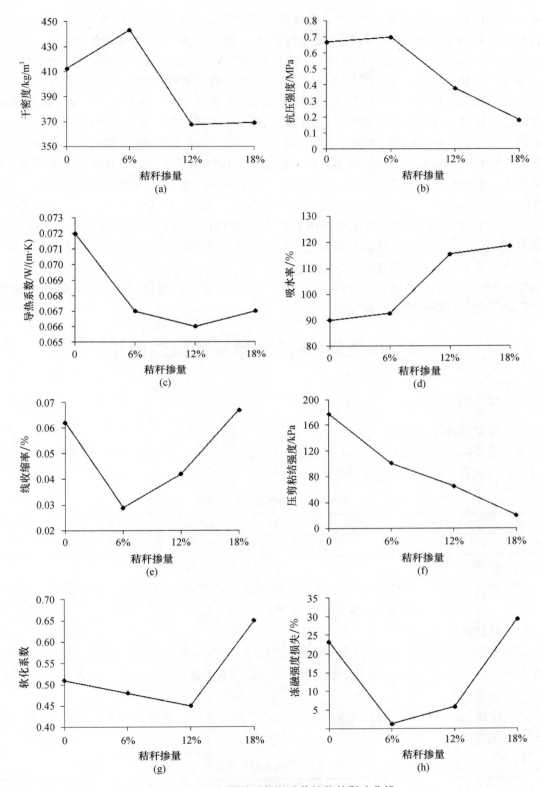

图 5-19　秸秆掺量对保温砂浆性能的影响曲线

基本能满足《建筑保温砂浆》（GB/T 20473—2006）标准中Ⅱ型保温砂浆要求。随秸秆掺量的增加，秸秆发挥其保温和吸水特性，砂浆导热系数降低，吸水率增加。图 5-19（c）中，秸秆掺量超过 6％时，砂浆导热系数变化幅度减小，但均能满足《建筑保温砂浆》（GB/T 20473—2006）标准中Ⅱ型保温砂浆要求，这可能是因为秸秆已经达到饱和状态，继续掺加秸秆并不会提高砂浆热工性能。图 5-19（d）所示吸水率曲线变化同玻化微珠掺量为 40％时一致，主要是因为秸秆少，加之秸秆的毛细孔被堵塞，秸秆吸水少；掺量增加，秸秆吸水增加，砂浆中孔隙增多，砂浆吸水随之增大。最后，秸秆掺量达到饱和，吸水率变化幅度变小。

图 5-19（e）所示线收缩率曲线也充分说明秸秆的抗拉作用与秸秆中糖类物质的负面影响的关系，秸秆少，水泥水化受影响小，砂浆收缩小；秸秆掺量增加，砂浆强度逐渐降低，砂浆收缩大。在秸秆不同掺量时，秸秆的抗拉作用与秸秆掺量和其中糖类物质的负面效应的大小不一，前者大于后者时，线收缩率就小，反之变大。图 5-19（f）、图 5-19（g）和图 5-19（h），显示的曲线呈现规律与玻化微珠掺量为 40％时相似。秸秆中糖类物质抑制水泥水化，随秸秆量增加，影响越大，压剪粘结强度就随之降低；砂浆的结构缺陷也会增多，最终使得砂浆遇水强度和抗冻性受到严重影响。

综上所述，当玻化微珠质量分数为 45％时，秸秆掺量不应超过 12％，否则砂浆的物理、力学性能和耐久性能会遭受严重影响。

5.2 小麦秸秆-镁水泥复合保温砂浆

5.2.1 试验原材料

（1）轻烧镁粉

试验中使用的轻烧镁粉产自山东迅达利化工有限公司，水合法测得活性 MgO 含量为 81.2％，细度为 200 目，化学成分见表 5-14。

表 5-14 轻烧镁粉的化学成分

成分	MgO	SiO_2	Al_2O_3	f-CaO	烧失量	其他
含量（％）	81.2	5.5	0.6	1.3	9.7	1.9

（2）卤片

试验中使用的卤片产自山东迅达利化工有限公司，其中 $c(MgCl_2) \geqslant 45\%$，$c(Ca^{2+}) \leqslant 0.4\%$，$c(SO_4^{2-}) \leqslant 2.8\%$，碱金属氯化物 $c(Cl^-) \leqslant 0.9\%$。

（3）玻化微珠

试验中使用的玻化微珠产自河南信阳市汇通珍珠岩应用有限公司，粒度为 20～50 目，堆积密度 110～120kg/m³，表面玻化闭孔率不小于 80％，导热系数为 0.035～0.048 W/（m·K）。

（4）粉煤灰

试验中使用的粉煤灰产自河北灵寿县清逸矿产品加工厂，Ⅱ级粉煤灰，密度 265kg/m³，化学成分见表 5-15。

表 5-15 粉煤灰的化学成分

成分	SO_3	Al_2O_3	SiO_2	CaO	MgO	烧失量	45μm 方孔筛筛余	需水量比	等级
含量（％）	49.6	31.1	4.2	0.9	0.9	7.1	19	105	Ⅱ级

（5）小麦秸秆

试验中使用的小麦秸秆取自泰安地区，晾干粉碎，过筛取用长度 0.6～4.75mm 范围内的秸秆。

（6）聚羧酸减水剂

试验中使用的聚羧酸减水剂产自河北中兴新型材料有限责任公司，固体，含水率不大于 3％，pH 值（20℃，20％液体）为 6～8，氯离子含量不大于 0.03％，减水率为 25％～40％。

（7）焦磷酸钠

试验中使用的焦磷酸钠产自天津市北辰方正试剂厂，十水焦磷酸钠含量不小于 99.0％，水溶液反应合格，杂质最高含量见表 5-16。

表 5-16　焦磷酸钠杂质最高含量

成分	Cl^-	PO_4^{3-}	SO_4^{2-}	Fe	As	重金属（以 Pb 计）	水不溶物	澄清度试验
含量（％）	0.001	0.3	0.025	0.01	0.00005	0.001	0.005	合格

（8）混合外加剂

试验中使用的混合外加剂是由 SJ 硅质密实剂、可再分散乳胶粉、铝酸盐水泥混合而成。

SJ 硅质密实剂产自哈尔滨银科砂胶有限公司，二氧化硅含量不小于 95％；可再分散乳胶粉产自安徽皖维花山新材料有限公司，产品型号为 WWJF-8020，灰分含量（650±25）℃小于 12.0％、平均粒径为 60～100μm、细度大于 150μm 的颗粒含量小于 10％；铝酸盐水泥产自郑州嘉耐特种铝酸盐有限公司，产品型号为 CA50～A700，相关组分含量如下：50％≤c（Al_2O_3）＜60％、c（SiO_2）≤8.0％、c（Fe_2O_3）≤2.5％、c（R_2O）≤0.4％。

（9）水

试验中使用的水为自来水。

5.2.2　小麦秸秆-镁水泥复合保温砂浆各因素掺量范围的确定

（1）粉煤灰掺量范围的确定

1）试验方法

制品中掺加粉煤灰主要有三个目的。一是利用其活性，使之与氧化镁及其他物质反应，生产改性化合物，提高制品的质量；二是利用其多孔轻质性，使制品轻质化；三是填充作用，以降低镁水泥用量，降低成本。最主要的还是利用其活性，所以试验用的粉煤灰为二级粉煤灰。

本试验中，活性氧化镁与氯化镁的摩尔比为 7∶1，即 n（MgO）∶n（$MgCl_2$）＝7∶1，粉煤灰掺加到镁水泥中，粉煤灰掺量为 0、30％、60％、90％、120％、150％。按比例称量材料，混合搅拌，制备试件，养护 28d，测量其干密度、抗压强度和软化系数，分析试验结果，确定粉煤灰的掺量范围。所用的试验仪器主要有 JJ-5 型水泥胶砂搅拌机（ISO-679）、Fx101-3 型电热鼓风干燥箱、WDW-100 万能试验机等。

2）试验结果与分析

粉煤灰掺加到镁水泥中，粉煤灰掺量对制品干密度、抗压强度和软化系数的影响程度，如图 5-20 至图 5-22 所示。

从图 5-20 可以看出，随着粉煤灰掺量的增加，镁水泥的干密度逐渐降低。粉煤灰掺量由

0 增加到 150％时，干密度降低了 31％，制品的干密度由 1996kg/m³降低到 1375kg/m³。一般保温砂浆的干密度是 400kg/m³，粉煤灰掺量 150％时，制品干密度为 1375kg/m³，与 400 kg/m³相差很多，由此可知，粉煤灰对降低制品干密度作用有限，即粉煤灰对提高制品保温性能作用不大。

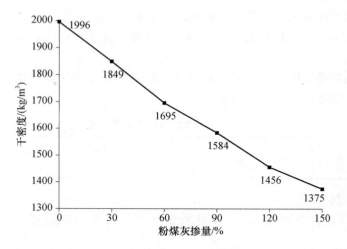

图 5-20 粉煤灰掺量对制品干密度的影响

从图 5-21 可以看出，随着粉煤灰掺量的增加，制品的抗压强度总体呈线性降低。粉煤灰掺量由 0 增加到 150％时，制品的抗压强度降低了 68.8％。由此可知，粉煤灰对镁水泥抗压强度影响较大，考虑到后续还要掺加其他掺和料，粉煤灰的掺量不宜过多。制品抗压强度下降较多的主要原因是用水量增大导致的拌合物中卤液浓度降低。粉煤灰掺量增加，为了达到标准稠度，需要增加用水量，用水量增加，导致拌合物中卤液的浓度降低，卤液浓度降低影响了镁水泥水化产物的产生，进而导致制品强度下降。

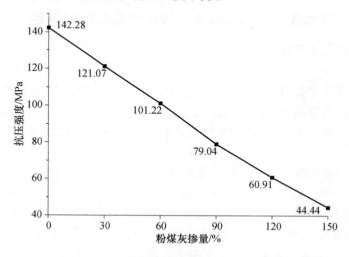

图 5-21 粉煤灰掺量对制品抗压强度的影响

从图 5-22 可以看出，随着粉煤灰掺量的增加，制品的软化系数先提高后降低，最后趋于平缓。粉煤灰掺量为 30％时，镁水泥的软化系数略有提高，因为掺加的粉煤灰填堵到制品孔隙中，降低了制品的孔隙率，提高了制品的软化系数。掺量为 90％时，软化系数为 0.57，接近规范要求的 0.5，考虑到后续掺加的物质会降低制品的软化系数，所以粉煤灰的掺量不宜取 60% 以上。

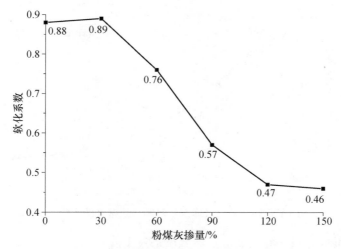

图 5-22　粉煤灰掺量对制品软化系数的影响

综上所述，粉煤灰对降低制品导热系数的作用不大，但对抗压强度影响较大，因此粉煤灰掺量不宜过多；从对制品的软化系数影响分析，粉煤灰掺量不宜大于 60%；而从利废环保的角度考虑，粉煤灰掺量越多越好，综合考虑，将粉煤灰掺量范围定为 40%～60%。

（2）玻化微珠掺量范围的确定

玻化微珠是一种酸性玻璃质溶岩矿物质，经过特种技术处理和生产工艺加工形成内部多孔、表面玻化封闭、呈球状体的细径颗粒，是一种高性能的新型无机轻质绝热材料，掺加玻化微珠能提高砂浆的保温隔热性能。

1）试验方法

本试验中，活性氧化镁与氯化镁的摩尔比为 7∶1，即 n（MgO）∶n（MgCl$_2$）＝7∶1，并在镁水泥中掺加 60% 的粉煤灰，在此基础上进行玻化微珠掺量范围的试验，玻化微珠掺量为 0、20%、40%、60%、80%、100%、120%。按比例称量材料，混合搅拌，制备试件，养护 28d，测量其干密度、抗压强度和软化系数，分析试验结果，确定玻化微珠的掺量范围。

2）试验结果与分析

玻化微珠掺加到制品中，其掺量对制品干密度、抗压强度和软化系数的影响程度，分别如图 5-23 至图 5-25 所示。

从图 5-23 中可以看出，随着玻化微珠掺量的增加，制品的干密度逐渐降低，且降低速率逐渐减小，最后趋于平缓。玻化微珠掺量由 0 增加到 120%，干密度从 1681kg/m³ 降低到 561kg/m³，降低了 66.6%，由此可知，玻化微珠对降低镁水泥干密度效果明显，即玻化微珠可以显著提高制品的保温隔热性能。当掺量为 100% 和 120% 时，制品的干密度相差不大，从成本考虑，玻化微珠掺量不宜大于 100%。

从图 5-24 中可以看出，随着玻化微珠掺量的增加，制品抗压强度先迅速减小，后趋于平缓。当玻化微珠掺量 100% 时，制品的抗压强度为 2.90MPa，满足规范要求的 0.40MPa。当玻化微珠掺量由 0 增加到 20% 时，制品抗压强度由 96.20MPa 迅速减小到 31.40MPa，减小了 67.4%，这是因为掺加玻化微珠使拌合物需水量迅速增加，致使卤液浓度迅速降低，影响

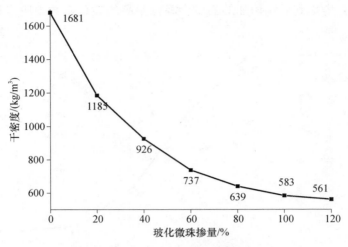

图 5-23　玻化微珠掺量对制品干密度的影响

了镁水泥水化物的形成，最终导致制品抗压强度迅速下降。

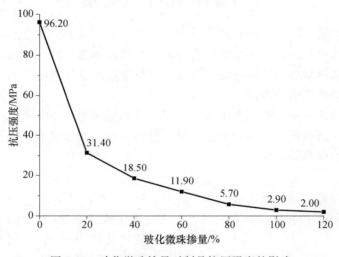

图 5-24　玻化微珠掺量对制品抗压强度的影响

　　从图 5-25 中可以看出，玻化微珠掺量为 0～20％和 80％～120％时，制品的软化系数满足规范要求，所以玻化微珠掺量应选在 0～20％和 80％～120％之间。当玻化微珠掺量不大于60％时，随着玻化微珠掺量的增加，拌合物需水量增加，卤液浓度降低，镁水泥强度和耐水性降低，试件软化系数降低；当掺量大于 60％时，镁水泥本身的强度和耐水性趋于稳定，玻化微珠掺量继续增加，其在试件中占的比例增加，玻化微珠是一种表面玻化封闭的球状细径颗粒，本身吸水率不大于 0.5，具有一定的防水性，所以当镁水泥强度和耐水性趋于稳定时，玻化微珠掺量增加，试件的软化系数提高。

　　由上述分析可知，掺加玻化微珠能有效提高制品的保温隔热性能，所以可以通过掺加大量玻化微珠来提高制品的保温隔热性能。由对干密度影响分析可知玻化微珠掺量不宜大于100％，掺量为 80％～100％时，镁水泥的软化系数符合规范的要求，抗压强度方面也满足规范的要求，所以玻化微珠掺量范围选定为 80％～100％。

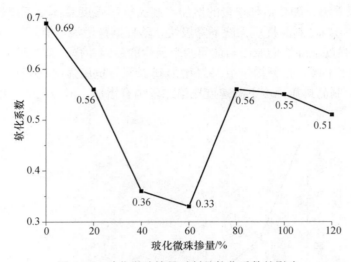

图 5-25　玻化微珠掺量对制品软化系数的影响

（3）小麦秸秆掺量范围的确定

1）试验方法

本试验中，活性氧化镁与氯化镁的摩尔比为 7：1，即 $n（MgO）：n（MgCl_2）=7：1$，并在镁水泥中掺加 60％的粉煤灰，在此基础上进行小麦秸秆掺量范围的试验，小麦秸秆掺量为 0、5％、10％、15％、20％、25％、30％。按比例称量材料，混合搅拌，制备试件，养护 28d，测量其干密度、抗压强度和软化系数，分析试验结果，确定小麦秸秆的掺量范围。

2）试验结果与分析

小麦秸秆掺加到制品中，其掺量对制品干密度、抗压强度和软化系数的影响程度，分别如图 5-26 至图 5-28 所示。

从图 5-26 可以看出，随着秸秆掺量的增加，制品干密度逐渐降低。秸秆掺量由 0 增加到 30％时，制品干密度由 1688kg/m³ 降低到 1276kg/m³，降低了 24.4％，但由于秸秆掺量有限，所以掺加秸秆对降低制品干密度的作用有限，即对降低制品导热系数的作用有限。

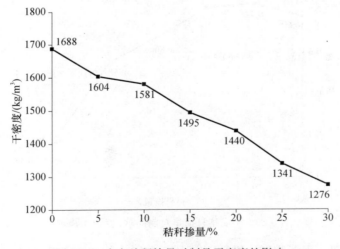

图 5-26　小麦秸秆掺量对制品干密度的影响

从图 5-27 可以看出，随着秸秆掺量的增加，制品抗压强度总体呈下降趋势，大体分为 3 段：第一段为 0 至 10%，制品抗压强度下降极快，秸秆掺量增加了 10%，下降了 61.7%，此段导致镁水泥抗压强度下降快的原因与前面两个因素的原因一样；第二段为 10% 至 20%，制品抗压强度下降趋于平缓，秸秆掺量由 15% 增加到 20%，抗压强度只降低了 1.40MPa；第三段为 20% 至 30%，制品抗压强度下降速度比第二段稍有增加，但降低的程度也很小。

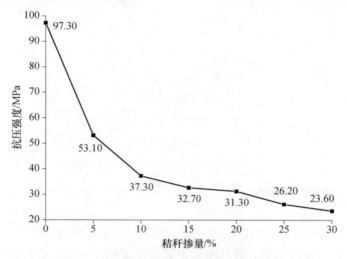

图 5-27　小麦秸秆掺量对制品抗压强度的影响

从图 5-28 可以看出，随着秸秆掺量的增加，制品软化系数先小幅增加后逐渐减小。秸秆掺量为 5% 和 10% 时，制品的软化系数比无秸秆试验组大，因为掺加的少量秸秆填充到制品孔隙中，增加了制品的密实性，提高了制品的耐水性；当秸秆掺量继续增大时，制品需水量持续增加，耐水性减弱的程度大于秸秆填充的效果；秸秆掺量大于 20% 时，镁水泥的软化系数不能满足规范的要求，所以秸秆掺量不宜大于 20%。

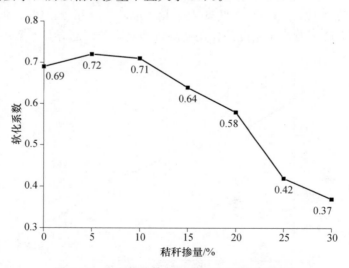

图 5-28　小麦秸秆掺量对制品软化系数的影响

由上述分析可知，小麦秸秆的掺量不宜大于 20%，制品抗压强度在 10%~20% 之间变化趋于平缓，从利废环保的角度考虑，秸秆掺量越多越好，所以，小麦秸秆的掺量范围选定为

10%～20%。

（4）减水剂掺量范围的确定

砂浆中掺加了大量的粉煤灰、玻化微珠和小麦秸秆后，需水量急剧增加。需水量增加后，砂浆的抗压强度、软化系数等各项物理力学性能指标都不同程度降低，所以需要减少拌合物的用水量。聚羧酸减水剂是一种高性能的减水剂，减水率高，绿色环保，所以本试验中减水剂选用聚羧酸减水剂。

1）试验方法

本试验中，活性氧化镁与氯化镁的摩尔比为 7∶1，即 $n(MgO)∶n(MgCl_2)=7∶1$，在镁水泥中掺加 60% 的粉煤灰、20% 的小麦秸秆和 100% 的玻化微珠，并按比例掺加混合外加剂，在此基础上进行减水剂掺量范围的试验，减水剂掺量为 0、0.5%、1.0%、1.5%、2.0%、2.5%、3.0%。每个试验组按比例称量等量的材料，分别掺加不同掺量的减水剂，混合搅拌，测量各个试验组达到标准稠度（50±5mm）的用水量，分析试验结果，确定减水剂的掺量范围。所用的试验仪器主要有砂浆稠度仪。

2）试验结果与分析

将不同掺量的减水剂掺加到等量的混合料中，各试验组拌合物达到标准稠度（50±5mm）的用水量如图 5-29 所示。分析可知，当减水剂掺量为 0.5% 和 1.0% 时，拌合物用水量呈线性下降趋势，减水剂掺量为 2.0%、2.5%、3.0% 时，拌合物用水量基本保持不变，由此可知，减水剂掺量达到一定量后，继续增加减水剂用量，拌合物的用水量不会再继续减少；通过分析图 5-29 可知，当减水剂掺量为 1.2% 时，减水率最大，最大减水率为 39.1%；试验中，粉煤灰、玻化微珠和秸秆的掺量都是各自掺量范围内的最大值，所以正交试验中减水剂用量最大为 1.2%；聚羧酸减水剂的建议掺量范围为 0.3%～0.8%。综上所述，减水剂掺量范围选定为 0.4%～1.2%。

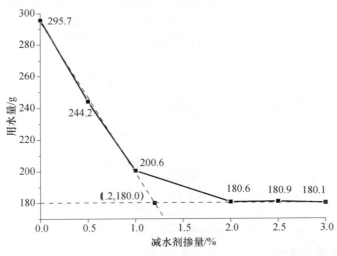

图 5-29　减水剂掺量对拌合物用水量的影响

5.2.3　小麦秸秆-镁水泥复合保温砂浆正交试验

正交试验是制备小麦秸秆-镁水泥复合保温砂浆的重要环节，主要研究各影响因素对复合保温砂浆的干密度、抗压强度、导热系数和软化系数的影响，确定一个基础配合比。

（1）试验方法

试验中镁水泥按分子摩尔比 $n(MgO) : n(MgCl_2) = 7 : 1$ 进行配制，混合外加剂依据轻烧镁粉、玻化微珠、秸秆掺量添加。在试验前 1 天配制卤液，保证卤片充分溶解，试验当天将称量好的卤液、减水剂和外加剂混合溶解。将称量好的轻烧镁粉、玻化微珠、粉煤灰、秸秆加入到砂浆搅拌机中，干拌 3min，后加入事先溶解好的卤液、减水剂和外加剂混合液，并边搅拌边加水，持续搅拌 6～7min，至出现黏性浆体，并伴随砂浆稠度测试。加水量以砂浆拌合物稠度在（50±5）mm 范围为准。装模成型各类试件，干密度、抗压强度、软化系数测试试件尺寸为 70.7mm×70.7mm×70.7mm，导热系数测试试件尺寸为 30mm×30mm×30mm。试件成型 1～2d 后脱模，脱模后养护 28d。测量各试验组的干密度、抗压强度、导热系数和软化系数，分析试验数据选出适宜的基础配合比。

（2）正交试验设计

本次试验将玻化微珠掺量、小麦秸秆掺量、粉煤灰掺量、减水剂掺量（各掺量均按轻烧镁粉和粉煤灰质量计）共 4 个因素作为影响因素考虑，每个因素取 3 个水平，正交设计的因素和水平见表 5-17，正交试验方案 $L_9(3^4)$ 见表 5-18。

表 5-17　选取因素及因素水平（%）

水平	因素			
	A 粉煤灰	B 玻化微珠	C 小麦秸秆	D 减水剂
1	40	80	10	0.4
2	50	90	15	0.8
3	60	100	20	1.2

表 5-18　正交试验表

试验编号	因素			
	A 粉煤灰	B 玻化微珠	C 小麦秸秆	D 减水剂
1	1（40%）	1（80%）	1（10%）	1（0.4%）
2	1（40%）	2（90%）	2（15%）	2（0.8%）
3	1（40%）	3（100%）	3（20%）	3（1.2%）
4	2（50%）	1（80%）	2（15%）	3（1.2%）
5	2（50%）	2（90%）	3（20%）	1（0.4%）
6	2（50%）	3（100%）	1（10%）	2（0.8%）
7	3（60%）	1（80%）	3（20%）	2（0.8%）
8	3（60%）	2（90%）	1（10%）	3（1.2%）
9	3（60%）	3（100%）	2（15%）	1（0.4%）

（3）正交试验结果与分析

根据《建筑保温砂浆》（GB/T 20473—2006）规范要求，建筑保温砂浆分为Ⅰ型保温砂浆和Ⅱ型保温砂浆两个等级。

1）正交试验结果见表 5-19。分析可知，九组试件的抗压强度均满足《建筑保温砂浆》（GB/T 20473—2006）标准中Ⅱ型保温砂浆不小于 0.4MPa 的要求；九组试件的干密度均大于《建筑保温砂浆》（GB/T 20473—2006）标准中Ⅱ型保温砂浆要求的 400kg/m³；九组试件的导热系数均满足《建筑保温砂浆》（GB/T 20473—2006）标准中Ⅱ型保温砂浆要求的 0.085W/（m·K）要求，其中第 3、5、7、9 组试件的导热系数接近《建筑保温砂浆》（GB/T 20473—2006）标准中Ⅰ型保温砂浆要求的 0.070W/（m·K）；九组试件的软化系数中，第 1、2、4、6、8 组试件满足规范要求，第 3、5、7、9 组试件略低于规范要求。

表 5-19 正交试验结果

试验编号	试验结果				
	稠度/mm	抗压强度/MPa	干密度/（kg/m³）	导热系数/（W/（m·K））	软化系数
1	50±5	0.81	614	0.081	0.55
2	50±5	1.15	654	0.082	0.60
3	50±5	0.81	569	0.073	0.43
4	50±5	1.28	623	0.079	0.59
5	50±5	0.62	516	0.073	0.30
6	50±5	1.23	587	0.081	0.51
7	50±5	0.55	526	0.072	0.44
8	50±5	1.46	633	0.083	0.69
9	50±5	0.96	565	0.076	0.45

2）极差分析。对正交试验结果进行极差分析，极差分析结果见表 5-20。

表 5-20 正交试验极差分析表

性能	均值与极差	A 粉煤灰	B 玻化微珠	C 小麦秸秆	D 减水剂
抗压强度/MPa	K_1	2.77	2.65	3.50	2.39
	K_2	3.13	3.23	3.39	2.93
	K_3	2.97	3.00	1.98	3.55
	k_1	0.92	0.88	1.17	0.80
	k_2	1.04	1.08	1.13	0.98
	k_3	0.99	1.00	0.66	1.18
	极差 R	0.12	0.19	0.50	0.39
干密度/（kg/m³）	K_1	1837	1763	1834	1694
	K_2	1726	1803	1842	1767
	K_3	1723	1721	1610	1825
	k_1	612	588	611	565
	k_2	575	601	614	589
	k_3	574	574	537	608
	极差 R	38	27	77	44
导热系数/（W/（m·K））	K_1	0.236	0.232	0.245	0.230
	K_2	0.233	0.238	0.237	0.235
	K_3	0.232	0.230	0.218	0.235
	k_1	0.079	0.077	0.082	0.077
	k_2	0.078	0.079	0.079	0.078
	k_3	0.077	0.077	0.073	0.078
	极差 R	0.001	0.003	0.009	0.002

性能	均值与极差	A 粉煤灰	B 玻化微珠	C 小麦秸秆	D 减水剂
软化系数	K_1	1.58	1.58	1.75	1.30
	K_2	1.40	1.59	1.64	1.55
	K_3	1.58	1.39	1.17	1.71
	k_1	0.53	0.53	0.58	0.43
	k_2	0.47	0.53	0.55	0.52
	k_3	0.53	0.46	0.39	0.57
	极差 R	0.06	0.07	0.19	0.14

分析表 5-20 可知：

影响保温砂浆干密度因素的主次顺序为 C > D > A > B，即秸秆 > 减水剂 > 粉煤灰 > 玻化微珠。由干密度极差 R 值可以看出，四个因素中秸秆是影响保温砂浆干密度的主要因素，而其余三个因素对砂浆干密度的影响程度相对较小；剩余的三个因素中，减水剂对砂浆干密度影响较大，其次为粉煤灰，对砂浆干密度影响最小的因素是玻化微珠。

影响保温砂浆抗压强度因素的主次顺序为 C > D > B > A，即秸秆 > 减水剂 > 玻化微珠 > 粉煤灰。由抗压强度极差 R 值可以看出，秸秆和减水剂是影响砂浆抗压强度的两个主要因素，其中秸秆是影响砂浆抗压强度的首要因素；玻化微珠和粉煤灰对砂浆抗压强度影响较小，粉煤灰是影响砂浆抗压强度最小的因素。

影响保温砂浆导热系数因素的主次顺序为 C > B > D > A，即秸秆 > 玻化微珠 > 减水剂 > 粉煤灰。秸秆是影响砂浆导热系数的主要因素，由导热系数极差 R 值可以看出，秸秆对砂浆导热系数的影响程度比其余三个因素大很多；其余三个因素中，玻化微珠对砂浆导热系数的影响程度稍大，减水剂和粉煤灰对砂浆导热系数影响都比较小。

影响砂浆软化系数因素的主次顺序为 C > D > B > A，即秸秆 > 减水剂 > 玻化微珠 > 粉煤灰。由软化系数极差 R 值可以看出，秸秆和减水剂是影响砂浆软化系数的两个主要因素，其中秸秆对砂浆软化系数影响较大；相对于秸秆和减水剂，玻化微珠和粉煤灰对砂浆软化系数的影响比较小，且两者相差无几。

（4）复合保温砂浆性能机理分析

对于配制保温砂浆主要有两个相互矛盾的方面，即：轻质量与高强度的矛盾；低导热与高防水的矛盾。本文通过正交试验，研究分析了各因素对砂浆抗压强度、干密度、导热系数、软化系数的影响，有助于配制出性能优良的保温砂浆和提高农作物废弃秸秆的利用率。

1）复合保温砂浆抗压强度与干密度分析

由极差结果分析可知，影响砂浆抗压强度的因素主要是秸秆和减水剂。从表 5-20 可以看出秸秆掺量由 10% 增加到 20%，秸秆的抗压强度均值由 1.17MPa 降低到 0.50MPa，砂浆强度降低了 57.3%，即随着秸秆掺量的增加，砂浆的抗压强度降低很快。因为秸秆是一种强度低且吸水率很高的材料，秸秆的掺加使砂浆的用水量增大，拌合物中卤液浓度降低，影响了镁水泥水化物的形成，最终导致砂浆抗压强度降低。由表 5-20 可知减水剂掺量由 0.4% 增加到 1.2%，砂浆的抗压强度均值由 0.80MPa 增加到 1.18MPa，砂浆强度增加了 47.5%，即增加减水剂能有效提高砂浆的抗压强度。因为增加减水剂会减少砂浆用水量，有利于镁水泥水化物的形成，且能增加砂浆密实度，提高砂浆抗压强度。

对于砂浆的干密度，由表 5-20 可知，秸秆掺量由 10% 增加到 20%，秸秆的干密度均值由 614kg/m³ 降低到 537kg/m³，砂浆干密度减小了 12.5％，干密度的极差值为 77kg/m³，是影响砂浆干密度的首要因素。因为秸秆本身就是一种轻质、多孔的材料，掺加足量的秸秆势必会降低砂浆的干密度，除此之外，随着秸秆掺加砂浆用水量也增加，影响了镁水泥水化物的形成，进一步降低了砂浆的干密度。另外，由极差分析表可知，减水剂掺量由 0.4％ 增加到 1.2％，砂浆干密度增加了 7.1％，而粉煤灰掺量由 40％ 增加到 60％，砂浆干密度减少了 6.2％，两者对砂浆干密度的影响程度接近。因为掺加减水剂可以减少砂浆用水量，不仅有利于镁水泥水化物的形成，还增加了砂浆的密实度，砂浆干密度增加，而掺加粉煤灰增加了砂浆的用水量，减少了砂浆中非闭合孔的数量，降低了砂浆的干密度。

从材料抗压强度和干密度分析可知，随着秸秆和减水剂掺量的变化，砂浆干密度的相对变化率（分别为 12.5％ 和 7.1％）比抗压强度的相对变化率（分别为 55.7％ 和 47.5％）小很多，从对砂浆抗压强度影响来考虑，秸秆掺量宜选 10％，减水剂掺量宜选 1.2％；粉煤灰和玻化微珠对砂浆抗压强度和干密度影响较小，从环保和价格角度考虑，粉煤灰掺量宜选 60％，玻化微珠掺量宜选 80％。

2）复合保温砂浆导热系数和软化系数分析

由表 5-20 可知，秸秆掺量由 10％ 增加到 20％，砂浆导热系数降低 11.0％，导热系数的极差值为 0.009 W/（m·K），比其他因素的极差值大很多，影响砂浆导热系数的主要因素是秸秆。因为秸秆本身就是一种轻质、多孔、保温隔热效果优良的材料，掺加秸秆能有效降低砂浆的导热系数，且砂浆中掺加的粉煤灰能进一步减少秸秆中非闭合孔的数量，提高砂浆的保温隔热性能；另外，掺加的小麦秸秆能够均匀地分散在保温砂浆中，将保温砂浆中的大孔洞变成无数秸秆质孔，能够更有效地阻断空气流动，减小气体分子的热对流，降低保温砂浆的导热系数。其他三个因素对砂浆导热系数影响程度相差不多，其中粉煤灰对砂浆导热系数的影响程度最小。

对于砂浆的软化系数，由表 5-20 可知，秸秆掺量由 10％ 增加到 20％，砂浆软化系数降低了 32.8％，减水剂掺量由 0.4％ 增加到 1.2％，砂浆软化系数增加了 32.6％，极差值分别为 0.19 和 0.14，是影响砂浆软化系数的两个主要因素。因为秸秆是一种多孔且吸水率很高的材料，秸秆中存在着许多非闭合孔洞，这些非闭合孔的存在直接影响了砂浆的耐水性，导致砂浆软化系数降低；而掺加减水剂可以减少砂浆用水量，增加砂浆密实度，减少砂浆中孔洞的数量，有利于提高砂浆的耐水性，提高砂浆的软化系数。

从材料导热系数和软化系数分析可知，秸秆和减水剂掺量对软化系数影响较大，从提高砂浆软化系数来考虑，秸秆掺量宜选 10％，减水剂掺量宜选 1.2％；粉煤灰和玻化微珠对砂浆导热系数和软化系数影响不大，从环保和价格角度考虑，粉煤灰掺量宜选 60％，玻化微珠掺量宜选 80％。

综上所述，秸秆是影响保温砂浆抗压强度、干密度、导热系数、软化系数的主要因素。掺加秸秆在优化了砂浆干密度和导热系数的同时也降低了砂浆的抗压强度和耐水性；减水剂是影响保温砂浆抗压强度、干密度、软化系数的次要因素，由此可知，减少砂浆用水量是提高砂浆性能的另一个有效措施；考虑到资源再利用和低密度、低导热、高强度、高防水的要求，选择的基础配合比为：A3B1C1D3。

5.2.4　小麦秸秆-镁水泥复合保温砂浆基础配合比优化

通过对正交试验结果的分析，可以看出正交试验中各组试件的抗压强度和导热系数均满足规范要求，部分试验组的软化系数满足规范要求，试件的干密度均高于规范要求，所以优化基础配合比，一是提高砂浆的软化系数，二是降低砂浆的干密度。

(1) 试验方法

首先测量基础配合比砂浆的各项物理力学性能，对比规范要求分析基础配合比试件的各项物理力学性能；在此基础上综合考虑成本和环保等问题，调整基础配比，并掺加磷酸类外加剂提高砂浆的耐水性；分析正交试验结果，调整配合比，进一步提高砂浆的保温隔热性能。

(2) 试验过程与结果分析

1) 基础配合比的物理力学性能

正交试验得出的基础配合比中，粉煤灰掺量为60%，玻化微珠掺量为80%，小麦秸秆掺量为10%，减水剂掺量为1.2%。按基础配合比配制保温砂浆，并测量其干密度、抗压强度、导热系数、软化系数、压剪粘结强度和线收缩率。试验结果见表5-21。

表5-21 基础配合比物理力学性能

试验组	干密度/ (kg/m³)	抗压强度/ MPa	导热系数/ (W/(m·K))	软化系数	压剪粘结强度/ kPa	线收缩率/%
Ⅱ型保温砂浆要求	301～400	≥0.40	≤0.085	≥0.50	≥50	≤0.30
基础配合比	641	1.52	0.083	0.70	215	0.16

从表5-21中可以看出，基础配合比试验组的抗压强度、导热系数、软化系数、压剪粘结强度和线收缩率均满足规范中Ⅱ型保温砂浆的要求，虽然基础配合比砂浆的干密度大于规范要求，但砂浆的抗压强度和压剪粘结强度均比规范要求的高很多。

2) 优化配比Ⅰ的物理力学性能

基础配合比砂浆的抗压强度、软化系数、压剪粘结强度和线收缩率均比规范要求的高很多，导热系数略优于规范要求，而原料中秸秆掺量较少，减水剂用量较大。为了提高砂浆的隔热保温性能，降低砂浆成本，增加秸秆掺加量，对基础配合比进行优化。优化配比Ⅰ为：粉煤灰60%、玻化微珠80%、小麦秸秆15%、减水剂0.8%，为了提高砂浆的耐水性，在优化试验组中掺加外加剂焦磷酸钠，提高制品的耐水性。按配比配制保温砂浆，测量优化后砂浆的干密度、抗压强度、导热系数、软化系数、压剪粘结强度和线收缩率。试验结果见表5-22，分析可知，相对于基础配合比试验组，优化配比Ⅰ试验组的干密度降低了9.3%，导热系数降低了8.4%，软化系数基本不变，抗压强度、压剪粘结强度和线收缩率均比规范中Ⅱ型保温砂浆要求的高很多。

表5-22 优化配比Ⅰ的物理力学性能

试验组	干密度/ (kg/m³)	抗压强度/ MPa	导热系数/ (W/(m·K))	软化系数	压剪粘结强度/ kPa	线收缩率/%
Ⅱ型保温砂浆要求	301～400	≥0.40	≤0.085	≥0.50	≥50	≤0.30
基础配合比	641	1.52	0.083	0.70	215	0.16
优化配比Ⅰ	581	1.40	0.076	0.69	185	0.14

3）优化配比Ⅱ的物理力学性能

根据正交试验结果和优化配比Ⅰ可知，秸秆是影响砂浆保温隔热性能的重要因素，所以可以通过提高砂浆中秸秆掺量来提高砂浆的保温隔热性能。由正交试验结果可知，秸秆掺量为 20% 试验组的导热系数分别为 0.073W/（m•K）、0.073 W/（m•K）、0.072W/（m•K），与保温砂浆规范中Ⅰ型保温砂浆要求的 0.070W/（m•K）十分接近，所以，若要达到Ⅰ型保温砂浆要求的 0.070W/（m•K），需要增加小麦秸秆掺量。但当秸秆掺量为 20% 时，砂浆的软化系数较低，所以秸秆掺量不能太大。另外还需要掺加外加剂来提高砂浆耐水性。对比基础配合比和优化配比Ⅰ的软化系数可知，掺加焦磷酸钠可以进一步提高砂浆的耐水性。

在优化配比Ⅰ的基础上，增加小麦秸秆的掺量，掺量分别为 22% 和 24%，并提高混合外加剂的用量，配制保温砂浆，并测量试件的干密度、抗压强度、导热系数、软化系数、压剪粘结强度和线收缩率。试验结果见表 5-23，分析可知，秸秆掺量为 22% 试验组的导热系数、软化系数和线收缩率均满足规范要求，虽然其干密度比规范要求大，但其抗压强度和压剪粘结强度均比规范中Ⅰ型保温砂浆的要求高很多；秸秆掺量为 24% 试验组的干密度和软化系数不能满足规范要求。

表 5-23　优化配比Ⅱ的物理力学性能

试验组	干密度/ （kg/m³）	抗压强度/ MPa	导热系数/ （W/（m•K））	软化系数	压剪粘结强度/kPa	线收缩率/%
Ⅰ型保温砂浆要求	240~300	≥0.20	≤0.070	≥0.50	≥50	≤0.30
秸秆掺量 22%	513	0.64	0.070	0.57	105	0.17
秸秆掺量 24%	494	0.39	0.068	0.48	75	0.21

综上可知，在优化配比Ⅰ的基础上将秸秆掺量增加到 22%，并增加混合外加剂的掺量得到优化配比Ⅱ，优化配比Ⅱ的导热系数为 0.070W/（m•K），满足规范中Ⅰ型保温砂浆对导热系数的要求。

5.2.5　镁水泥原材料来源分析

镁水泥是以氧化镁为胶结剂，水溶性镁盐等为调和剂，加水配制而成。胶结剂主要来源于煅烧菱镁矿石得到的轻烧镁粉和低温煅烧白云石得到的灰分，调和剂主要有氯化镁、硫酸镁、磷酸二氢铵、磷酸二氢钾等。

（1）胶结剂

镁水泥胶结剂的主要成分为活性氧化镁。主要有两种来源：一是煅烧菱镁矿石得到的轻烧镁粉，二是低温煅烧白云石得到的灰分，常用的是煅烧菱镁矿石得到的轻烧镁粉。

菱镁矿是一种碳酸镁矿物，它是镁的主要来源，主要用作耐火材料、建材原料、化工原料和提炼金属镁及镁化合物等。中国是世界上菱镁矿资源最丰富的国家，也是我国的优势矿产资源，世界菱镁矿储量的 1/3 集中在中国，我国菱镁矿除了自足外，产量的一半用于出口，在世界菱镁矿市场上，中国具有举足轻重的地位。与此同时，我国轻烧镁粉的生产能力也居世界前列，世界轻烧镁粉产量的一半源自我国。进一步分析我国菱镁矿资源分布的特点可知，我国菱镁矿地区分布不均，储量相对集中。据统计，截至 2002 年，全国共探明菱镁矿矿区 27 个，保有菱镁矿储量 31 亿吨左右，分布于 9 个省（区），主要分布在辽宁、山东等地区，新疆、西藏、甘肃次之。其中辽宁菱镁矿储量最为丰富，占全国的 84%，山东拥有储量占全国总量的 11%。

（2）调和剂

镁水泥调和剂主要指可溶性镁盐，例如常用的氯化镁、硫酸镁。用氯化镁作为调和剂的镁水泥称为氯氧镁水泥，用硫酸镁作为调和剂的镁水泥称为硫氧镁水泥。除此之外，磷酸二氢铵也常被用作调和剂，配制出的镁水泥称为磷酸镁水泥。试验中使用的调和剂为氯化镁。

我国氯化镁资源非常丰富，氯化镁来源主要有两个，一是海水制盐的母液，二是利用青海盐湖生产氯化钾的母液。其中，海盐产业年产的苦卤约 3000 万 m^3，内含氯化镁 300 万 t，青海盐湖年产母液中的氯化镁资源 7000 万 t。工业氯化镁多由海水、盐湖和盐井水经过蒸发、提纯制得六水氯化镁，这些资源丰富且价廉。

根据《加快和推进我国菱镁产业健康稳定和可持续发展》课题的研究报告可知，菱镁行业所用的氯化镁主要来源于沿海苦卤化工生产厂和内陆盐湖生产厂，这些生产企业主要分布在辽宁、河北、天津、山东、江苏等沿海省市和青海格尔木内陆地区，其中沿海地区氯化镁生产主要以山东海化股份有限公司、天津长芦海晶集团、南堡盐场化工厂、天津长芦汉沽盐场有限责任公司等大型国有盐化工企业为主。从企业生产的产品结构来看，氯化镁是盐化工企业生产原盐和化肥的副产品。通常沿海各地的氯化镁生产厂家都是依托一个原盐生产企业，主要是为了回收再利用原盐生产过程中产生的制盐母液，通过这样处理实现了对废弃物进行资源的综合利用，既保护了环境，又提高了海洋资源的利用率。

第6章 混凝土夹心秸秆砌块墙体热湿传递

6.1 混凝土夹心秸秆砌块墙体热湿传递试验研究

6.1.1 研究对象

(1) 混凝土空心砌块

混凝土空心砌块由粉煤灰、石粉和其他工业废弃物制成，本文主要采用基本型砌块和半角型砌块，其尺寸分别为 390mm×240mm×190mm 和 190mm×240mm×190mm（长×宽×高），砌块尺寸如图 6-1 所示。基本型混凝土空心砌块通过结构上的优化，在沿垂直热流传递方向增加了孔洞排数及数量，同时孔洞采用交错的排列方式，在减少热桥数量的同时又极大延长了单条热桥路径的长度，而且经过优化的基本型混凝土空心砌块的空心率达到 50.85%，从而增大了砌块的热阻，因此砌块的保温性能良好。

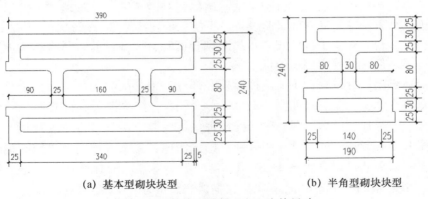

(a) 基本型砌块块型 　　　　　　(b) 半角型砌块块型

图 6-1　两种块型混凝土空心砌块尺寸

(2) 小麦秸秆压缩块

小麦秸秆经粉碎机粉碎后规格为 2～15mm，按一定配合比将其与石灰、水进行混合搅拌，然后用秸秆压缩机压制成块状，待其在常温情况下养护干燥后即为小麦秸秆压缩块，其规格有 160mm×80mm×190mm 和 160mm×30mm×190mm 两种。小麦秸秆压缩块是一种生物质基材料，同时也是一种典型的多孔建筑材料，具有良好的调湿性能，该材料不需要辅助的机械设备和人工能源，能够利用其本身良好的吸（放）湿性能，自动调节室内空气相对湿度。充分利用小麦秸秆压缩块的调湿性能对于建筑节能、调节室内空气质量、减少环境污染等问题都具有现实意义。根据要填充的混凝土空心砌块的孔腔形状及尺寸，通过调节模具尺寸及压缩厚度等，可加工生产与之相适应的小麦秸秆压缩块。经前期试验测得，该小麦秸秆压缩块的导热系数为 0.044W/（m·K）。将小麦秸秆压缩块置于空心砌块孔腔中形成混凝土夹心秸秆砌块（如图 6-2 所示），由混凝土夹心秸秆砌块组砌而成的墙体是一种典型的复合墙体，前期的物理试验研究表明小麦秸秆压缩块在保温隔热、耐火、防霉变等方面作用显著，混凝土夹心秸秆砌块在力学性能和保温性能方面表现良好。

(a) 基本型砌块   (b) 半角型砌块

图 6-2　两种块型混凝土夹心秸秆砌块

6.1.2　试验设备

（1）可控式墙体热湿耦合试验台

围护墙体是影响室内热湿环境变化的重要原因之一，随着人们对舒适度的要求越来越高，墙体材料热湿性能的研究越来越被重视起来。近年来，国内外许多学者对围护结构热湿耦合传递过程做了大量的研究工作，最常用的方法是数值模拟和试验研究。大部分试验的目的主要是验证模型和测量热湿特性，试验研究的主要方式是现场测量和环境控制。现场测量法虽能直观地测定温（湿）度指标，但存在着试验墙体两侧温（湿）度受自然环境影响大、试验周期较长的缺点；环境控制法是通过控制试验墙体两侧的环境，测试墙体内的温（湿）度分布情况，目前这种方法缺少完善的试验设备，不能系统连续地进行试验。为了提供一种合理、科学、稳定的试验台，开发了可控式墙体热湿耦合试验台，该试验台具有精确度高、试验结果适用性强、成本低、试验周期短的优点。

可控式墙体热湿耦合试验台主要由控温控湿部件、中部配套构件和指标采集监测设备组成（试验台示意图和实物图分别如图 6-3、图 6-4 所示）。控温控湿部件为两个可控式恒温恒湿箱，用于模拟实际环境的温（湿）度工况，提供试验要求的温（湿）度环境；中部配套构件包括钢垫梁和中间紧连构件，其作用分别是砌筑墙体、紧密连接两个可控式恒温恒湿箱与试验墙体；指标采集监测设备为 SHT15 温（湿）度传感器、SM1210B 温（湿）度采集模块和监测仪器，用来监测、采集、记录试验数据。当将开敞一侧密封时，温度值可以设定在 $0\sim100℃$ 之间，偏差不超过 $\pm0.5℃$，相对湿度值可以设定在 $30\%\sim95\%$ 之间，偏差值不超过 $\pm2\%$，并可连续稳定工作 45d。

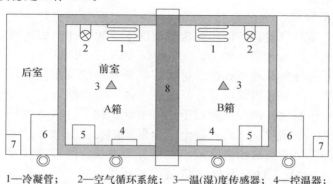

1—冷凝管；　　　2—空气循环系统；　　3—温(湿)度传感器；　　4—控温器；
5—加湿水箱；　　6—补水水箱；　　　7—压缩机；　　　　　8—试验墙体；

图 6-3　可控式墙体热湿耦合试验台示意图

图 6-4　可控式墙体热湿耦合试验台

控温控湿部分中的可控式恒温恒湿箱为一侧面开敞、其余五面封闭的长方体箱体,可控式恒温恒湿箱的外壳由冷轧钢板和不锈钢板两层组成,内部由不锈钢板分隔为前室和后室两部分。前室内壁表面粘保温材料,防止前室内外的温度传递;为了防止保温材料受潮、避免箱体锈蚀,在保温材料表面粘贴一层防水铝箔。前室下表面安装有加湿水箱、控温箱、排水口、排水槽,加湿水箱通过电加热升高前室内部湿度;控温箱可以升高前室内部温度,进而降低前室内部湿度;当前室内积水严重时,可以通过位于前室下表面靠近外侧位置的排水槽快速排除积水,防止前室内积水渗入润湿试验墙体,影响试验的准确性。前室上部安装冷凝管,由管径 16mm 的铜管组成,主要起降低前室内部温度的作用。前室还装有温(湿)度传感器,用来实时检测前室内的温(湿)度,进而反馈到数据采集仪,以便控制前室内的温(湿)度环境。另外还装有空气循环系统,用以促进室内空气流动,制造循环风保障前室内部的空气温(湿)度均匀性。后室下表面安装有补水水箱、压缩机、电源线。其中补水水箱与加湿水箱连通,用来为加湿水箱补充水分。

中部配套构件中的垫梁为钢垫梁,可以根据需要调节其厚度,并且具有足够的强度、刚度、稳定性。根据试验方案要求确定试验墙体尺寸、温(湿)度传感器埋设位置并初步确定垫梁位置,调整主体活动骨架宽度至略大于试验墙体厚度,保证和方便试验墙体砌筑。通过定位孔用定位螺栓将定位板与主体活动骨架连接固定,形成垫梁。按照施工要求,在钢垫梁上砌筑试验墙体,砌筑过程中将温(湿)度传感器布置在试验方案要求的埋设位置,砌筑完成 1 个月后在试验墙体表面中间位置粘贴温度传感器和热流板,将 SHT15 温(湿)度传感器、热流板与数据采集仪连接,将数据采集仪与监测仪器连接。用螺栓将两个可控式恒温恒湿箱与试验墙体紧密结合,并保证其接触面有良好的密闭性,保证前室内空气不与外界空气发生流通。

指标采集监测设备,包括 SHT15 温(湿)度传感器、热流板、温度传感器、SM1210B 温(湿)度采集模块和监测仪器。热流板和温度传感器贴附于试验墙体一侧面中间位置,温(湿)度传感器在试验墙体施工过程中埋设,SHT15 温(湿)度传感器连接 SM1210B 温(湿)度采集模块,热流板、温度传感器连接 BES 采集模块,数据采集仪连接监测仪器。

通过温(湿)度控制器设置两个可控式恒温恒湿箱参数为试验工况并运行两个可控式恒温恒湿箱,温(湿)度传感器将箱体内部温(湿)度实时反馈给电子计算机,当可控式恒温恒湿箱内部温(湿)度低于设置参数时,调节温(湿)度控制器,通过控制加湿水箱、控温箱升高温(湿)度;当箱内温(湿)度高于设计值时,调节温(湿)度控制器,通过控制压缩机、控温箱降低温（湿）度，空气循环系统的运行保证了箱内空气温（湿）度的均匀性，最终使箱内温（湿）度与设计值一致，保持前室内部温（湿）度长期稳定。利用 SHT15 温（湿）度传感器实时监测并记录墙体内部各测点处温（湿）度值。待各测点数据基本稳定，证明墙体在此工况环境中已经平衡即可以进行下一组工况的试验研究。

（2）温（湿）度采集模块

SM1210B 温（湿）度数据采集模块，配合 SHT 系列温（湿）度传感器，支持 12 个温（湿）度传感器同时运行，实现低成本温（湿）度状态在线监测的实用型一体化模块。本模块可应用于 SMT 行业温（湿）度数据监控、环境温（湿）度监控、冷藏库温（湿）度监测、电子设备厂温（湿）度数据监控等需要监测温（湿）度的场合。显示温度范围：−40～123.8℃；传感器标称测温精度±0.5℃；显示测湿范围：0～100％RH；耗电 2W；存储温度−40～85℃。

（3）数字式温（湿）度传感器

SHT15 数字式温（湿）度传感器（图 6-5）具有品质卓越、抗干扰能力强、超快响应、性价比高等优点，可应用于多种场合的温（湿）度测量。测温范围为−40～123.8℃，精度为±0.3℃；测湿范围为 0～100％RH，精度为±2％。传感器尺寸为 10mm×20mm，可以测量较小空间内的温（湿）度。试验时在传感器表面涂一层防水胶，防止水和混凝土对温（湿）度传感器精度及工作性能的影响。

图 6-5　SHT15 数字式温（湿）度传感器

（4）温（湿）度采集软件

本试验采用 SV3000 动态数据在线监测系统软件，用以检测设备通信状况、设备地址及传感器数据实时采集。软件分为主界面、数据列表、实时采集、实时曲线、历史曲线、数据报表、软件设置等几个主要栏目。

主界面为一个导航面板，可以让用户方便地切换进入各操作界面；数据列表将所有测点数据列表显示，内置调试功能，可以让用户快速熟悉硬件系统；实时采集为一个组态画面及实时数据显示，用户可以直观观测数据的变化，随时切换列表显示方式；实时曲线动态显示曲线变化趋势，可以最多实时显示 8 个测点的实时曲线；数据报表可以查看历史数据，也可以将数据导成 EXCEL 表格方式；软件设置用来设置通信、模块、测点及组态画面等信息。

6.1.3　传感器的安装

墙体内温（湿）度传感器共设 12 个，其中有 3 个埋设在小麦秸秆压缩块中，其余均埋设在混凝土空心砌块中（图 6-6）。墙体内的传感器分为两条路线，分别记为路线 1 和路线 2。其中路线 1 包括测点 1♯～7♯，测点 2♯、4♯、6♯ 均埋设在小麦秸秆压缩块中，其他测点埋设在混凝土空心砌块中，用来测量温（湿）度传递路线上温（湿）度的分布情况以及小麦秸秆压缩块在混凝土保温传湿过程中发挥的作用；路线 2 包括测点 8♯～12♯，全部埋设在混凝土空心砌块中，主要起对比作用，路线 2 实际上还是混凝土空心砌块的热桥路线。

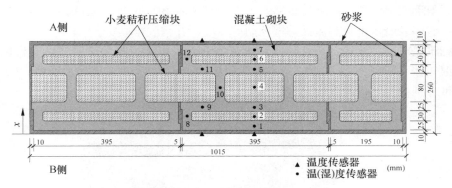

图 6-6　测点布置图

试验开始之前，预先在小麦秸秆压缩块和混凝土空心砌块中钻直径为 12mm 的洞，然后将一层纱布包裹的温（湿）度传感器置于孔洞中，最后为了保证各测点的温（湿）度不相互影响，将孔洞两侧用建筑胶密封，待建筑胶干燥后砌筑墙体。通常空气被认为是一种准稳态，因此材料周围空气的温（湿）度可以认为是与材料内部的温（湿）度瞬时平衡，在本节中我们可以用孔洞中空气的温（湿）度代表材料中的温（湿）度。温（湿）度传感器的埋放示意图如图 6-7 所示，埋设温（湿）度传感器的混凝土空心砌块如图 6-8 所示。

待墙体砌筑完成后，将温（湿）度传感器与数据采集模块和电子计算机相连，开启温（湿）度采集软件 SV3000 后即可实时监测墙体内各测点的温（湿）度变化。

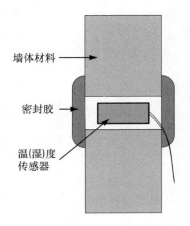

图 6-7　传感器埋放示意图

图 6-8　埋设传感器的混凝土空心砌块

6.1.4　试验墙体的砌筑

为研究混凝土夹心秸秆砌块墙体的热湿耦合传递特性，在可控式热湿耦合试验台钢垫梁上砌筑长×高×厚为 1000mm×600mm×240mm 的墙体，使用了 6 块基本型砌块和 3 块半角型砌块，表面用 10mm 厚 M5 级水泥砂浆抹平。为了保证热湿的一维传递，墙体与钢垫梁周边空隙用聚苯板及发泡剂密实填充，如图 6-9 所示。

墙体表面砂浆干燥之后在墙体两侧分别贴一个热流板，均匀布置在试验墙体内侧中间位置，表面涂抹适量凡士林，挤压固定在墙体表面，排除热流计与墙体之间的空气，同时用透明胶带固定。每个热流板配 2 个温度传感器，墙体内、外侧各 1 个，其中内侧温度传感器布置在热流计附近位置，外侧温度传感器布置在墙体外侧相应位置，温度传感器同样用凡士林挤压固定在墙体表面，排除热流板与墙体间的空气，并用胶水固定。

墙体砌筑完成后，放置 1 个月，待墙体充分干燥后再进行相关试验。试验台的两个可控式恒温恒湿箱体（记为 A 箱和 B 箱，如图 6-3 所示）分别处于试验墙体的两侧，密封固定后，通过调节可分别控制墙体两侧的温（湿）度。

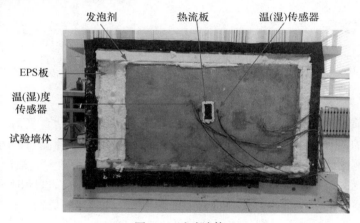

图 6-9　试验墙体

6.1.5　试验方法

试验过程中，控制墙体一侧的环境条件不变，另一侧的温度或湿度呈阶跃性变化。根据墙体两侧温（湿）度的变化情况，本试验分为 4 个方面 16 种工况。各试验组具体设置见表 6-1。从表 6-1 可以看到，墙体两侧边界条件发生变化的一侧均为温度较高的一侧，我们把该侧称为高温侧。

表 6-1　试验组列表

编号		A 箱		B 箱	
		温度	相对湿度	温度	相对湿度
试验组 1	1-1	25℃	75%	12℃	40%
	1-2	30℃	75%	12℃	40%
	1-3	35℃	75%	12℃	40%
	1-4	40℃	75%	12℃	40%
试验组 2	2-1	12℃	85%	25℃	40%
	2-2	12℃	85%	30℃	40%
	2-3	12℃	85%	35℃	40%
	2-4	12℃	85%	40℃	40%

编号		A 箱		B 箱	
		温度	相对湿度	温度	相对湿度
试验组 3	3-1	30℃	45％	12℃	40％
	3-2	30℃	60％	12℃	40％
	3-3	30℃	75％	12℃	40％
	3-4	30℃	90％	12℃	40％
试验组 4	4-1	25℃	45％	12℃	40％
	4-2	30℃	60％	12℃	40％
	4-3	35℃	75％	12℃	40％
	4-4	40℃	90％	12℃	40％

试验组 1 中，A 侧温度变化，湿度不变，B 侧温（湿）度均不变，热湿同向传递，均由 A 侧传向 B 侧；试验组 2 中，A 侧温（湿）度均不变，B 侧温度变化，湿度不变，热湿反向传递，热量由 B 侧传向 A 侧，湿度由 A 侧传向 B 侧；试验组 3 中，A 侧温度不变湿度变化，B 侧温（湿）度不变，热湿同向传递，均由 A 侧传向 B 侧；试验组 4 中，A 侧温（湿）度均变化，B 侧温（湿）度不变，热湿同向传递，均由 A 侧传向 B 侧。

6.1.6　数据采集

通过可控式墙体热湿耦合试验台为试验墙体提供试验所需温（湿）度环境。当墙体两侧温（湿）度皆达到温（湿）度设定值且稳定一段时间后，开始数据采集工作。数据每隔 5min 采集一次，连续采集并观察温（湿）度的变化，每个试验组持续进行 7d，记录下墙体最后 6h 内的温（湿）度，求其平均值作为墙体内各测点的温（湿）度值，并作出温（湿）度曲线。

6.2　试验结果与分析

通过可控式墙体热湿耦合试验台为试验墙体提供试验所需温（湿）度环境，每个试验组持续进行 7d，取最后连续 6h 内各个测点温（湿）度的平均值，做出墙体的温（湿）度场曲线图。

6.2.1　墙体两侧温度不同湿度相同

（1）热湿同向传递

试验组 1 中 A 侧温度变化，相对湿度不变，B 侧温（湿）度恒定，温度和相对湿度均由 A 侧向 B 侧传递，对应的温度曲线如图 6-10 所示。

由图 6-10 中路线 1 的温度曲线可以看到 4♯测点是温度曲线变化的关键点，4♯测点两侧曲线发生明显的弯曲，曲线斜率变化明显。这是由于 4♯测点埋设在混凝土砌块中间的小麦秸秆压缩块中，小麦秸秆压缩块的热阻远大于混凝土的热阻，热量在小麦秸秆压缩块处的传递远小于在混凝土处造成的。随着 A 侧环境温度的升高，靠近 A 箱的测点温度变化幅度较大，距 A 箱墙面的距离越远，温度的变化幅度越小，1♯～3♯测点温度的变化幅度高于

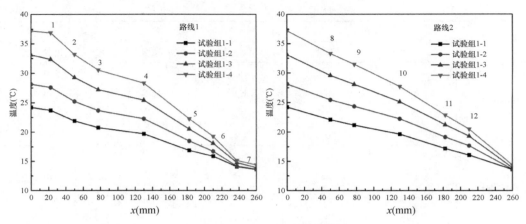

图 6-10　试验组 1 温度曲线图

5♯～6♯测点，这是由于小麦秸秆压缩块对温度传递的阻碍作用使得远离 A 侧墙体外表面的测点温度变化幅度减小。该结果表明，小麦秸秆压缩块的填充阻碍了墙体内热量的传递。路线 2 中温度曲线的变化基本呈直线下降趋势，曲线上无明显的弯曲。这是因为路线 2 上所有的测点均埋设在混凝土中，其热阻较小，热量的传递速度较快。路线 2 实际为砌块的热桥传递路线，砌块热桥部位是砌块中热量损失的重点部位。由图 6-10 中路线 2 可以看到，距离 A 侧外表面最远的两个测点 11♯ 和 12♯ 测点，温度变化值均小于其他测点的变化值，这是因为温度在由 A 侧传递到 B 侧的过程中受到小麦秸秆压缩块的阻碍作用，验证了小麦秸秆压缩块对热量传递的阻碍作用。

图 6-11 所示为试验组 1 对应墙体内部各测点的相对湿度。由路线 1 对应的相对湿度曲线可知，随着墙体 A 侧的环境温度升高，墙体内各测点的相对湿度有不同程度的变化，其中 1♯ 测点变化较小，2♯ 和 3♯ 测点变化幅度最大，4♯ 测点相对湿度随温度升高有小幅下降，距离 A 侧墙面最远的三个测点相对湿度变化幅度很小。这是因为当 A 侧环境温度升高时，箱体 A 内饱和水蒸气分压力升高，导致水蒸气向墙体内扩散。1♯ 测点处于最靠近墙体外边缘的混凝土壁中，温度和含湿量的变化都是最大的，相对湿度变化很小；2♯ 和 3♯ 测点分别处于一层较薄的秸秆压缩块和混凝土壁中，混凝土的水蒸气渗透系数大，秸秆压缩块虽然水蒸气渗透系数很小，但是由于厚度较薄，导致 2♯ 和 3♯ 测点处的含湿量增加幅度较大，相对湿度升高幅度最大；4♯ 测点埋设在砌块中间的秸秆压缩块中，秸秆压缩块的水蒸气渗透系数很小，导致整个秸秆压缩块中的含湿量变化较小，而 4♯ 测点的温度变化幅度却较大，因此相对湿度随着温度的升高而降低。

进一步分析路线 1 与路线 2 的相对湿度变化曲线可知，随着 A 箱环境温度的升高，路线 1 相对湿度曲线形态变化较大，而路线 2 相对湿度曲线形态基本不变，始终保持 10♯ 测点为相对湿度曲线的最大值。这是因为路线 1 上各测点位于两种不同的材料中，小麦秸秆压缩块的水蒸气渗透系数远大于混凝土的，导致路线 1 相对湿度曲线形态变化较大，而路线 2 上的测点均位于混凝土中，使得相对湿度曲线形态基本不变。

无论是路线 1 还是路线 2，距 A 侧较远的测点相对湿度基本不变，是因为小麦秸秆压缩块的水蒸气渗透系数很小，湿度在由 A 侧传向 B 侧的过程中遭到小麦秸秆压缩块的阻碍，说明小麦秸秆压缩块的填充阻碍了湿度传递。

根据 Hyland-Wexler 公式计算各测点处的含湿量，公式如下：

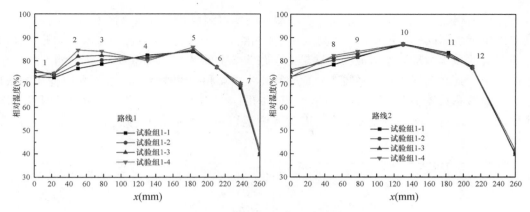

图 6-11　试验组 1 相对湿度曲线图

$$\ln p_{\mathrm{qb}} = \frac{C_1}{T} + C_2 + C_3 T + C_4 T^2 + C_5 T^3 + C_6 T^4 + C_7 \ln T \tag{6-1}$$

$$d = \frac{0.622 p_{\mathrm{qb}}(t)\varphi}{p - p_{\mathrm{qb}}(t)\varphi} \tag{6-2}$$

其中 $C_1 \sim C_7$ 为 Hyland-Wexler 公式常数，其值分别为：$C_1 = -5.8002206 \times 10^3$，$C_2 = 1.3914993$，$C_3 = -4.8640239 \times 10^{-2}$，$C_4 = 4.1764768 \times 10^{-5}$，$C_5 = -1.4452093 \times 10^{-8}$，$C_6 = 0$，$C_7 = 6.5459673$。

图 6-12 与图 6-10 比较得，含湿量变化曲线与温度变化曲线形态基本相同，说明当温度变化时墙体内各测点处空气含湿量也存在同向变化，墙体内各测点处的含湿量随温度的升高而升高。这是因为当温度升高时，各测点处的饱和水蒸气分压力升高，相对湿度变化很小，导致墙体材料中的液态水分蒸发到传感器所在孔洞空气中，从而造成空气含湿量随温度上升的现象。

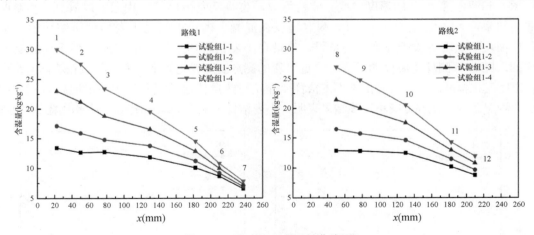

图 6-12　试验组 1 含湿量曲线图

由图 6-12 中路线 1 的含湿量曲线可得，随着 A 箱环境温度的升高，靠近 A 侧的测点含湿量升高幅度大，距离 A 侧越远，含湿量升高幅度越小，这是因为小麦秸秆压缩块的水蒸气渗透系数很小，湿度在由 A 侧传到 B 侧的过程中遭到小麦秸秆压缩块的阻碍，说明小麦秸秆压缩块对墙体的传湿具有阻碍作用。在路线 2 中由于小麦秸秆压缩块对传湿阻碍，导致 11♯和 12♯测点含湿量变化减小。路线 2 的含湿量变化规律与路线 1 中位于墙体相同厚度处测点的变化规律基本相同。

对比试验组 1-2 的路线 1 和路线 2 上各测点的相对湿度和含湿量（图 6-13），我们可以明显地看到位于墙体同一厚度处的 2# 测点和 8# 测点，3# 测点和 9# 测点以及 4# 测点和 10# 测点相对湿度和含湿量的差值最大，这是由于路线 2 上的 8#、9# 和 10# 三个测点均位于混凝土砌块中，其水蒸气渗透系数较大；而路线 1 上 2# 和 4# 测点均位于小麦秸秆压缩块中，其水蒸气渗透系数较小。而距离 A 侧墙面较远的测点，均受到小麦秸秆压缩块对湿度传递的阻碍作用，因此位于同一厚度处的 5# 和 11# 测点以及 6# 和 12# 测点的相对湿度和含湿量的差值均很小。

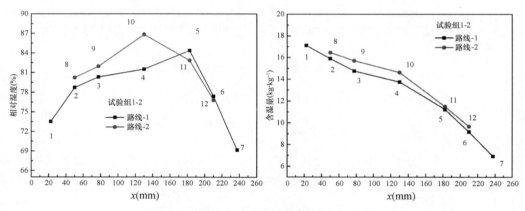

图 6-13　试验组 1-2 各测点相对湿度和含湿量

（2）热湿反向传递

试验组 2 中 A 侧温（湿）度恒定，B 侧温度变化，相对湿度不变，温度由 B 侧向 A 侧传递，相对湿度由 A 侧向 B 侧传递。

图 6-14 为试验组 2 的温度曲线。分析可知，热湿反向传递时，我们可以看到 4# 测点两侧曲线斜率产生变化，这是由于 4# 测点埋设在混凝土砌块中间的小麦秸秆压缩块中，小麦秸秆压缩块的热阻远大于混凝土的热阻，热量在小麦秸秆压缩块处的传递远小于在混凝土处造成的。随着 B 侧环境温度的升高，靠近 B 箱的测点温度变化幅度较大，距 B 箱墙面的距离越远，温度变化幅度越小。这是由于小麦秸秆压缩块对热量传递的阻碍作用使得远离 B 侧墙体外表面的测点温度变化幅度减小。该结果表明，小麦秸秆压缩块的填充阻碍了墙体内温度的传递。

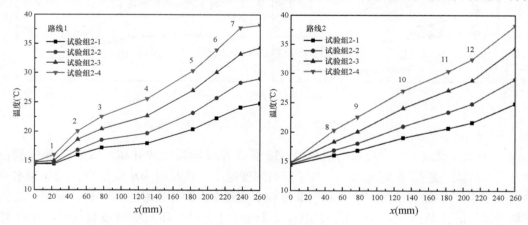

图 6-14　试验组 2 温度曲线图

图 6-14 中路线 2 的温度曲线变化无明显的弯曲。这是因为路线 2 上所有的测点均埋设在

混凝土中,其热阻较小,热量的传递速度较快。路线 2 实际为砌块的热桥传递路线,砌块热桥部位是砌块中热量损失的重点部位。从图 6-14 中路线 2 我们可以看到,距离 B 侧外表面最远的两个测点 8♯ 和 9♯ 测点,温度变化值均小于其他测点的变化值,这是因为温度在由 B 侧传递到 A 侧的过程中受到小麦秸秆压缩块的阻碍作用,验证了小麦秸秆压缩块对墙体内热量传递的阻碍作用。

试验组 2 中,温(湿)度传递方向相反,温度由 B 侧向 A 侧传递,相对湿度由 A 侧向 B 侧传递。图 6-15 所示为相对湿度曲线,可明显看出,试验组 2 路线 1 中 1♯ 测点的相对湿度较大,高于 2♯ 测点处相对湿度,说明距离墙体表面较近的测点相对湿度受环境影响较大。靠近 B 侧 5♯、6♯、7♯ 测点相对湿度下降幅度较大,是由于 B 箱内相对湿度较低,距 B 侧表面较近的点受环境条件的影响较大,墙体内湿组分很容易扩散到环境中,墙体得到干燥,说明墙体内相对湿度的分布受温度梯度的影响较大。试验组 2 中 4 个分组的相对湿度曲线形态变化很小,说明在热湿传递方向相反的情况下,墙体 B 侧温度的变化对墙体内相对湿度的影响较小。相对湿度最高的点在墙体的中间位置,并且受环境的影响较小。路线 2 中,由于 A 箱空气相对湿度大,水蒸气扩散到墙体中,导致 8♯、9♯ 测点相对湿度上升,直至与 A 箱环境相对湿度平衡;10♯ 测点相对湿度基本不变,受外界环境影响很小;11♯、12♯ 测点相对湿度下降幅度较大。试验阶段中,墙体一侧湿度的变化主要受该侧环境温度或相对湿度变化的影响。

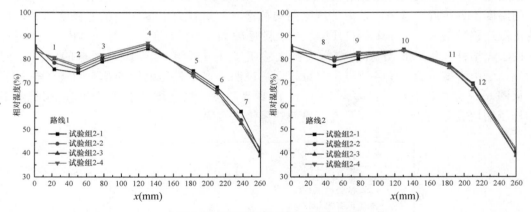

图 6-15　试验组 2 相对湿度曲线图

图 6-16 为试验组 2 各工况含湿量曲线图。分析可知,热湿反向传递时,含湿量变化与温度变化趋势基本相同,说明当温度变化时墙体内各测点处空气含湿量也存在同向变化,墙体内各测点处的含湿量随温度的升高而升高。这是因为,当温度升高时,各测点处的饱和水蒸气分压力升高,相对湿度变化很小,导致墙体材料中的液态水分蒸发到传感器所在孔洞空气中,从而造成空气含湿量随温度上升的现象。

试验组 2 路线 1 含湿量的最大值出现在 6♯ 测点处,7♯ 测点处的含湿量较小,说明 7♯ 测点受 B 侧环境条件的影响较大,7♯ 测点处墙体内的湿组分极易扩散到环境中,墙体得到干燥。随着 B 侧环境温度的升高,靠近 B 侧的测点含湿量升高幅度逐渐变大,距离 B 侧越远,含湿量升高幅度越小,说明小麦秸秆压缩块对墙体的传湿具有阻碍作用。路线 2 上含湿量的最大值在 11♯ 测点处,12♯ 测点位于 B 侧墙体表面附近的混凝土中,含湿量减小,墙体得到干燥。路线 2 中测点距离 B 侧越远,含湿量升高幅度越小,验证了小麦秸秆压缩块对墙体的传湿具有阻碍作用。

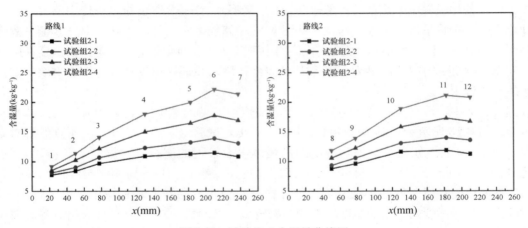

图 6-16　试验组 2 含湿量曲线图

（3）对比分析

1）温度

4♯测点和 10♯测点均埋设在墙体的中间位置，但处在不同材料中，4♯测点埋设在小麦秸秆压缩块中，10♯测点埋设在混凝土砌块中。从图 6-17 可以看到，试验组 1 中 4♯和 10♯测点的温度十分接近，这可能是由于热湿同向传递时，材料内水蒸气的压力梯度增大，水蒸气的扩散迁移量增大，又小麦秸秆压缩块的孔隙率较大、吸湿性能强，导致其内部含湿量高，进而使小麦秸秆压缩块的导热系数增大；试验组 2 中 4♯测点较 10♯测点的温度平均低 1.28℃，是由于试验组 2 中各测点含湿量较低，说明小麦秸秆压缩块的填充阻碍了热量的传递。从图 6-17 还可以看出，试验组 1 中 4♯和 10♯测点的温度均高于试验组 2，这是由于小麦秸秆压缩块吸湿性能强，含湿量高，进而热量传递较快。

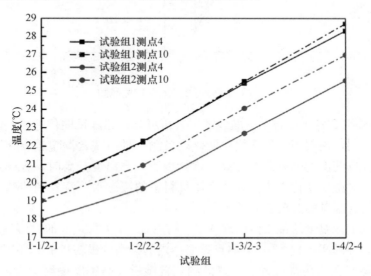

图 6-17　墙体中间测点温度对比图

对比图 6-10 和图 6-14 可得，随着墙体一侧环境温度的升高，靠近高温侧的墙体温度变化幅度较大，而远离高温侧的墙体温度变化很小，这说明小麦秸秆压缩块的填充阻碍了墙体内热量的传递。

2）相对湿度

图 6-15 与图 6-11 相比，随着墙体一侧环境温度的升高，试验组 1 中路线 1 相对湿度曲线形态变化较为明显，这是因为试验组 1 中热量和湿度同向传递，墙体两侧温差越大，水蒸气压力梯度越大，进而湿度的扩散量越大，导致各组之间相对湿度曲线形态变化较大；而试验组 2 中热量和湿度反向传递，墙体两侧的水蒸气压力梯度较小，导致各组之间相对湿度曲线形态基本不变。

试验组 2 路线 1 中，相对湿度的极差（4 个小组的最大值）是 33.78%，比试验组 1 中的极差值高 15.65%，这说明不同的热湿传递方向对墙体内相对湿度的分布影响很大，热湿传递方向一致时，温度梯度会促进湿度的传递。

墙体一侧温度的变化对试验组 1 靠近该侧墙体相对湿度分布影响较大，2♯、3♯测点的相对湿度变化明显，对于远离高温侧的墙体相对湿度基本没有影响，墙体内各测点处相对湿度的变化幅度不一致；而在试验组 2 中，B 侧环境温度升高时，各测点相对湿度变化幅度比较均匀，这说明温度梯度对相对湿度的传递具有促进作用，当温（湿）度传递方向相反时环境温度的变化对相对湿度的传递影响不明显。通过试验组 1、2 相对湿度的分布，可以得到墙体内的热湿传递存在很强的耦合作用。

3）含湿量

试验组 2 中各测点的含湿量与试验组 1 相比（图 6-16 与图 6-12）可以看到，试验组 1 中测点的含湿量明显高于试验组 2，试验组 1 中含湿量的极差是 22.12kg/kg，而试验组 2 中极差为 12.18kg/kg，这是由于试验组 1 中墙体两侧水蒸气的压力梯度较大，从而增加了水蒸气扩散流量，说明相同的温（湿）度梯度促进了墙体内湿分的传递。

图 6-18 所示为试验组 1、2 墙体中间处的含湿量对比图，分析可知，试验组 1 中 4♯、10♯测点的含湿量分别比试验组 2 中同测点处高 1.49kg/kg 和 1.39kg/kg（4 组平均值），这是由于试验组 1 中热湿传递方向相同促进了湿度的扩散；在试验组 1 中，10♯测点的含湿量比 4♯测点高 0.9kg/kg、比试验组 2 中高 0.81kg/kg，是由于 4♯测点埋设在小麦秸秆压缩块中，其调湿性能较好，而 10♯测点则埋放在调湿性能差的混凝土砌块中。

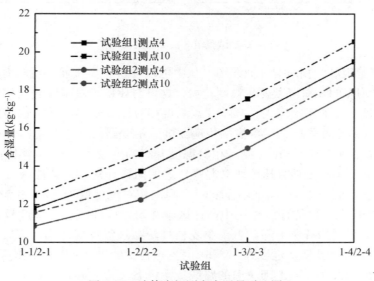

图 6-18　墙体中间测点含湿量对比图

（4）小结

本节通过对试验组 1、2 温（湿）度曲线变化规律的分析以及对试验组 1、2 温（湿）度传递方向不同时温（湿）度曲线的对比分析，得到：小麦秸秆压缩块热阻较大，阻碍了热量的传递；小麦秸秆压缩块水蒸气渗透系数较小，阻碍了湿度在墙体内的传递；墙体内相对湿度和含湿量的分布受温度梯度的影响较大；墙体内热湿传递存在着很强的耦合作用。

6.2.2　墙体两侧温度相同湿度不同

试验组 3 中 A 侧温度不变，相对湿度呈阶梯形变化，B 侧温（湿）度恒定，温度和相对湿度均由 A 侧向 B 侧传递。

图 6-19 所示为试验组 3 的实测温度曲线，可以明显看到墙体两侧温度相同相对湿度不同时墙体内的温度无明显变化，路线 1 中温度曲线在 4♯测点处有小幅波动，4♯测点两侧曲线斜率变化明显。这是由于 4♯测点埋设在混凝土砌块中间的小麦秸秆压缩块中，小麦秸秆压缩块的热阻远大于混凝土的热阻，热量在小麦秸秆压缩块处的传递远小于在混凝土处造成的。路线 2 的温度曲线变化基本呈一直线下降趋势，曲线上无明显的弯曲。这是因为路线 2 上所有的测点均埋设在混凝土中，其热阻较小，热量的传递速度较快。路线 2 实际为砌块的热桥传递路线，砌块热桥部位是砌块中热量损失的重点部位。

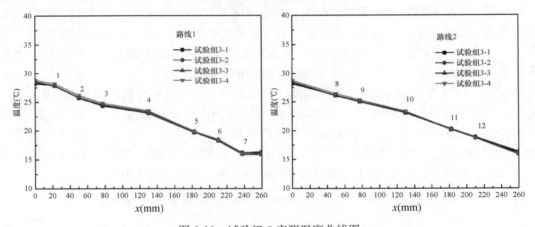

图 6-19　试验组 3 实测温度曲线图

图 6-20 为试验组 3 的相对湿度曲线图，从中可以看到随着 A 箱环境相对湿度的升高，路线 1 中 1♯～3♯测点的相对湿度变化幅度较大，这说明环境相对湿度的变化对墙体内靠近 A 侧的测点相对湿度变化的影响较大；4♯～7♯测点相对湿度基本不变，这是由于小麦秸秆压缩块水蒸气渗透系数很小，阻碍了湿度的传递。试验组 3 路线 2 中相对湿度的变化趋势与路线 1 相似，靠近高温侧的 8♯和 9♯测点相对湿度升高幅度较大，而 10♯和 11♯测点的相对湿度变化较小，验证了小麦秸秆压缩块对湿度传递的阻碍作用。对比路线 1 和路线 2 的相对湿度曲线图还可以得到位于墙体中间位置的 4♯测点相对湿度低于 10♯测点的相对湿度，这是由于 4♯测点埋设在小麦秸秆压缩块中，在试验开始之前环境相对湿度较低，墙体在养护过程中各测点相对湿度均有所下降，由于小麦秸秆压缩块吸放湿能力较强，因此 4♯测点处的相对湿度较 10♯测点处低，也导致 3♯和 5♯测点在试验组 3-1 中相对湿度与 4♯测点处基本一致。对于全部埋设在混凝土砌块中的路线 2 上的各测点，在试验组 3-1 中墙体内呈现出中间相对湿度最高的现象。

对比试验组 3 和试验组 1 中的相对湿度（图 6-20 和图 6-11），试验组 1-4 中路线 1 和路线 2 的相对湿度极差分别为 4.5％和 4.97％，而试验组 3-4 中路线 1 和路线 2 的相对湿度极差分别为 26.93％和 20.6％，远远大于试验组 1-4 中相对湿度的增长值，这说明墙体两侧相对湿度梯度的增大对墙体内靠近该侧墙体的相对湿度分布的影响很大，而对于墙体中间的影响较小。试验组 3 路线 1 中 1♯～3♯测点相对湿度的变化幅度更大，这说明环境相对湿度的变化比环境温度变化对墙体内各测点相对湿度的影响大。试验组 3 中 1♯测点相对湿度变化幅度最大，而在试验组 1 中，1♯测点的相对湿度变化幅度很小，基本不变，这是由于 1♯测点靠近墙体边缘，其相对湿度受 A 侧影响很大。试验组 3 路线 2 中 8♯和 9♯测点的相对湿度变化幅度明显高于试验组 1，说明环境相对湿度变化比温度变化对靠近环境变化侧墙体内测点的相对湿度影响大。

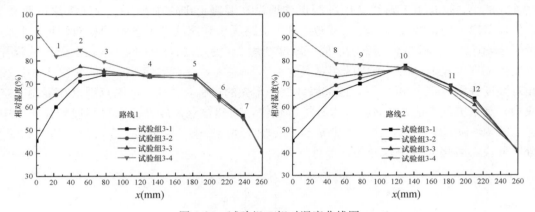

图 6-20　试验组 3 相对湿度曲线图

图 6-21 为试验组 3 不同路线中的含湿量曲线图，从中可以看到，随着墙体 A 侧相对湿度的上升，路线 1 中 1♯～3♯测点含湿量有小幅度升高，4♯～7♯测点处的含湿量基本保持不变，这是由于小麦秸秆压缩块水蒸气渗透系数很小，阻碍了湿分的传递，在路线 2 中可以看到同样的变化，距离高温侧越近，墙体内的含湿量变化幅度越大。当环境相对湿度由 75％上升到 90％时（即由试验组 3-3 升到试验组 3-4 时）墙体内含湿量的变化明显高于其他各组间含湿量的变化，这说明高温高湿环境对靠近环境变化一侧的墙体影响较大。这是由于墙体两侧温度和相对湿度梯度大，导致墙体两侧水蒸气分压力较大，水蒸气的扩散速度较快。

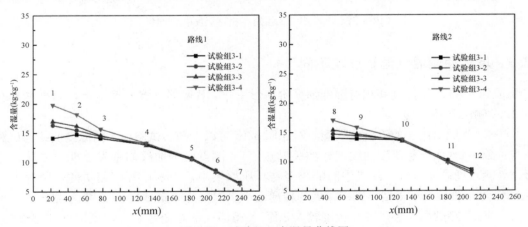

图 6-21　试验组 3 含湿量曲线图

对比试验组 3 和试验组 1 中含湿量（图 6-21 和图 6-12）的变化情况来看，试验组 1-4 中路线 1 和路线 2 的含湿量极差分别为 22.12kg/kg 和 15.03kg/kg，而试验组 3-4 中路线 1 和路线 2 的含湿量极差分别为 13.3kg/kg 和 9.28kg/kg，小于试验组 1-4 中含湿量的增长值，这说明环境相对湿度的变化对墙体内含湿量变化的影响小于温度变化对含湿量的影响。

对比试验组 3-2 中路线 1 和路线 2 上各点的相对湿度（图 6-22），我们可以明显地看到位于墙体同一厚度处的各测点的相对湿度差值较大，在路线 1 中 2#～5# 测点的相对湿度值较为接近，这是由于 2#～5# 测点位于墙体中间位置，受环境温（湿）度的影响较小，路线 2 各测点相对湿度曲线的形状与路线 1 差别较大，主要表现为墙体中间位置的相对湿度最大，两侧逐渐减小，这是由于路线 2 中各测点均埋设在混凝土砌块中，其水蒸气渗透系数较大，受外界环境湿度的影响较大。对比试验组 3-2 中路线 1 和路线 2 上各点的相对湿度，我们可以看到 8# 测点的含湿量较位于墙体同一厚度处的 2# 测点的含湿量低，这是由于在试验开始之前墙体在室内养护一周，室内的相对湿度为 75% 左右，在试验组 3-1 和试验组 3-2 中 A 侧的相对湿度分别为 45% 和 60%，因此墙体处于干燥的过程，由于 8# 测点埋设在混凝土空心砌块中，其水蒸气渗透系数较大，水分扩散较快，因此含湿量较低。而对于埋设在墙体中间位置处的 4# 和 10# 测点，在试验中基本不受外界环境影响，又混凝土水蒸气渗透系数较大，水分扩散快，因此 10# 测点处的含湿量较大。

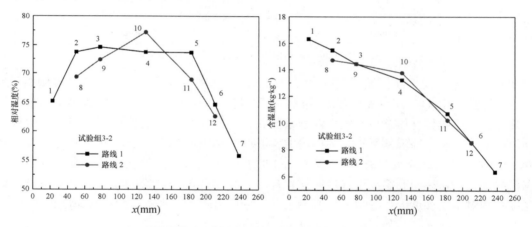

图 6-22　试验组 3-2 各测点相对湿度和含湿量

6.2.3　墙体两侧温（湿）度均不同

试验组 4 中 A 侧温度和相对湿度都呈阶梯形变化，B 侧温（湿）度恒定，温度和相对湿度均由 A 侧向 B 侧传递。

图 6-23 为试验组 4 的温度曲线图，对比图 6-10 可以看到，试验组 4 的温度曲线与试验组 1 基本一致。4# 测点是温度曲线变化的关键点，4# 测点两侧曲线斜率发生明显变化。这是由于 4# 测点埋设在混凝土砌块中间的小麦秸秆压缩块中，小麦秸秆压缩块的热阻远大于混凝土的热阻，热量在小麦秸秆压缩块处的传递远小于混凝土处造成的。随着 A 侧环境温度的升高，靠近 A 箱的测点温度变化幅度较大，距 A 箱墙面的距离越远，温度的变化幅度越小，1#～3# 测点温度的变化幅度高于 5#～6# 测点。这是由于小麦秸秆压缩块对温度传递的阻

碍作用使得远离 A 侧墙体外表面的测点温度变化幅度减小。该结果表明，小麦秸秆压缩块的填充阻碍了温度的传递。

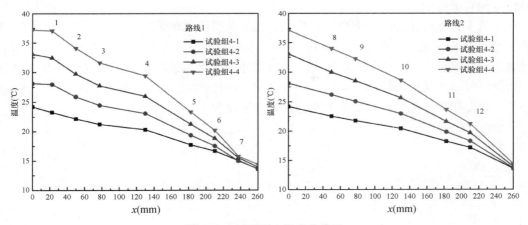

图 6-23　试验组 4 温度曲线图

试验组 4 路线 2 温度曲线的变化基本呈一直线下降趋势，曲线上无明显弯曲。这是因为路线 2 上所有的测点均埋设在混凝土中，其热阻较小，热量的传递速度较快。路线 2 实际为砌块的热桥传递路线，砌块热桥部位是砌块中热量损失的重点部位。由路线 2 我们可以看到，距离 A 侧外表面最远的两个测点 11♯ 和 12♯ 测点，温度变化值均小于其他测点的变化值，这是因为温度在由 A 侧传到 B 侧的过程中受到小麦秸秆压缩块的阻碍作用，验证了小麦秸秆压缩块对墙体内热量传递的阻碍作用。

图 6-24 为试验组 4 相对湿度曲线图，从中可以看到随着 A 箱环境温（湿）度的升高，路线 1 中 1♯～3♯ 测点的相对湿度变化幅度较大，4♯～7♯ 测点相对湿度变化较小，这是由于小麦秸秆压缩块水蒸气渗透系数很小，阻碍了湿度的传递。路线 2 中相对湿度的变化趋势与路线 1 相似，验证了小麦秸秆压缩块对湿度传递的阻碍作用。

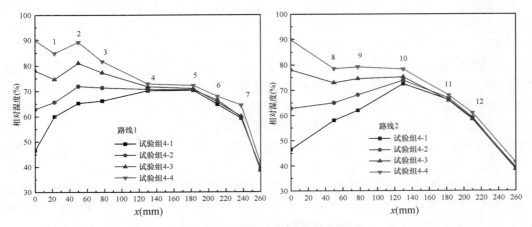

图 6-24　试验组 4 相对湿度曲线图

试验组 4 相对湿度曲线图变化趋势与试验组 3 基本一致，值得注意的是 10♯ 测点相对湿度有明显不同，在试验组 4 中 A 侧环境温度由 35℃ 上升到 40℃，相对湿度由 75％ 上升到 90％ 时（即由试验组 4-3 到试验组 4-4 时），10♯ 测点相对湿度升高较为明显，为 3.1％，而在试验组 3 中 10#测点的相对湿度变化为 0.9%，基本不变，这说明温度梯度与湿度梯度均较高时，湿度在混凝土中的传递更快，高温高湿环境导致墙体两侧水蒸气分压力较大，促进了墙体内相对湿度的扩散。

试验组 4 含湿量曲线图（图 6-25）与试验组 1 含湿量曲线（图 6-12）变化趋势基本一致，随着 A 侧环境温（湿）度的升高，靠近 A 侧的测点含湿量升高幅度大，距离 A 侧越远，含湿量升高的幅度越小，说明小麦秸秆压缩块对墙体的传湿具有阻碍作用；路线 2 中由于小麦秸秆压缩块阻碍了湿度的传递，导致 11#和 12#测点含湿量变化减小。不同的是，试验组 4 中各测点含湿量的变化值较试验组 1 大，具体分析如下：

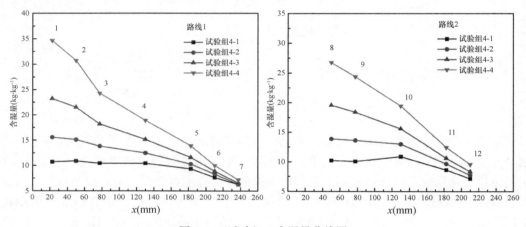

图 6-25　试验组 4 含湿量曲线图

图 6-26 为试验组 1-4、3-4 和 4-4 的含湿量对比图，每个试验组的最后一个分组都是在前 3 个分组之后完成，并且前三分组历时相同。由路线 1 中各测点的含湿量可以得到试验组 3-4 中各测点的含湿量明显低于试验组 1-4 和试验组 4-4，这说明 A 侧环境相对湿度的改变对墙体内的含湿量影响较小。对于试验组 1-4 和试验组 4-4 的 3#测点的含湿量基本相同，同样规律的还有 4#、5#、6#和 7#测点，而对于 1#和 2#测点来说，试验组 4-4 中 1#和 2#测点的含湿量明显高于试验组 4-1。试验组 4-4 中 1#和 2#测点的含湿量明显高于试验组 1-4，这说明在试验过程中温度对墙体内含湿量的分布影响较大，而相对湿度对墙体内含湿量的影响在试验条件下仅限于靠近 A 侧的墙体，同时还可以得到墙体内含湿量的分布随着温度的稳定逐渐稳定，而相对湿度对墙体内含湿量的影响较为缓慢。路线 2 中试验组 3-4 中各测点的含湿量较低同样说明了 A 侧环境相对湿度的改变对墙体内的含湿量影响较小。对于试验组 1-4 和试验组 4-4，由于混凝土砌块的水蒸气渗透系数较大，湿度的扩散速度较快，因此试验组 4-4 中墙体两侧较高的温度梯度和湿度梯度促进湿度的传递，因此试验组 4-4 中靠近 B 侧墙体的测点含湿量低于试验组 1-4。

图 6-27 是位于墙体中间位置处的 4#和 10#测点在试验组 1、3 和 4 中的相对湿度对比图，由图可得在试验组 1 和试验组 3 中墙体中间位置处测点的相对湿度基本不变，这说明墙体一侧相对湿度或温度的改变对墙体中间位置处相对湿度的影响很小。而对于试验组 4 来说，相对湿度处于缓慢升高状态，在试验组 4-4 的路线 2 中 10#测点的相对湿度升高速率明显加快，这一方面是由于 10#测点埋设在混凝土砌块中，其湿度传递的速度较快，另一方面是由于试验组 4-4 中墙体 A 侧的高温高湿环境对墙体内湿度的影响较大。这说明，高温高湿环境对墙体内湿度分布的影响很大。从图 6-27 中还可以得到试验组 1 中 4#和 10#测点的相对湿

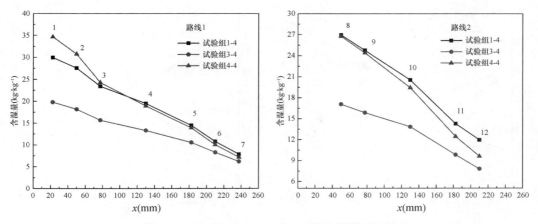

图 6-26　试验组 1-4、3-4 和 4-4 的含湿量对比图

度高于其他两个试验组，这是由于墙体内的初始相对湿度较高导致，由此可见初始相对湿度对墙体内的湿度分布影响较大。

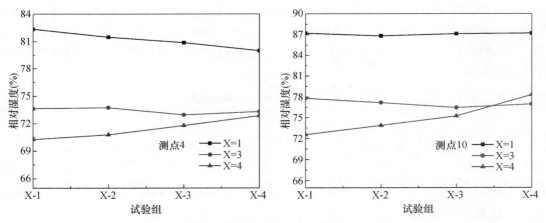

图 6-27　墙体中间测点在不同组内的相对湿度对比图

图 6-28 是位于墙体中间位置处的 4♯和 10♯测点在试验组 1、3 和 4 中的含湿量对比图，由图可得在试验组 3 中墙体中间位置处的测点含湿量基本不变，这是由于试验组 3 中仅 A 侧相对湿度改变，仅对靠近 A 侧的测点含湿量有所影响，对墙体中间位置处的含湿量基本没有影响。对于试验组 1 和试验组 4，试验组 1 中 4♯和 10♯测点的含湿量均高于试验组 4 中，除了 10♯测点埋设在混凝土砌块中，水蒸气渗透系数较大这一原因外，试验组 1 中各测点初始含湿量较高也是重要的原因之一。

从试验组 1 和试验组 4 含湿量曲线的斜率来看，在 X-3（X 代表 1 或 4）之前，两曲线基本平行，这是由于在这之前试验组 1 和 4 的温度梯度均一致，而 A 侧环境的相对湿度较低（均低于 75％），因此相对湿度对于位于墙体中间位置处测点的含湿量影响较小，而在 X-3 之后，试验组 4 的曲率大于试验组 1 的，这是由于此时试验组 4 中 A 侧的相对湿度已经达到 90％，墙体内含湿量受相对湿度的影响开始增大，说明高温高湿环境对墙体内含湿量的分布影响较大。

表 6-2 列出了试验组 1 和 4 中所有测点在试验过程中的含湿量变化值，从中可以看到，在路线 1 中 1♯～4♯测点及路线 2 中 8♯～10♯测点处试验组 4 的含湿量变化值明显大于试

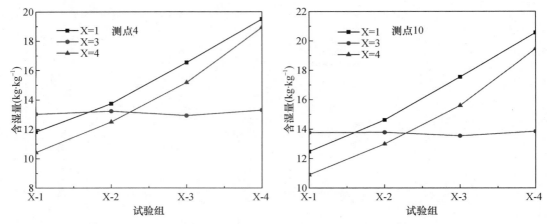

图 6-28　墙体中间测点在不同组内的含湿量对比图

验组 1 的变化值，这是由于试验组 4 中墙体两侧温度和相对湿度梯度都在升高，而试验组 1 中温度梯度不变，只有相对湿度梯度升高，说明墙体一侧环境温（湿）度的变化只对靠近该侧墙体的相对湿度影响较大，温度和相对湿度梯度同时增大时促进湿度的传递，对该侧墙体含湿量影响较大。2♯ 和 8♯ 测点是位于墙体同样厚度处的测点，但是从表中可以看到两个试验组中 2♯ 测点的含湿量升高值均大于 8♯ 测点，这是由于 2♯ 测点埋设在吸湿性能较好的小麦秸秆压缩块中。

表 6-2　试验组 1、4 含湿量变化值

试验组	含湿量升高值（单位：kg/kg）											
	1♯	2♯	3♯	4♯	5♯	6♯	7♯	8♯	9♯	10♯	11♯	12♯
试验组 1	16.57	14.92	10.7	7.67	4.41	2.12	1.23	14.1	11.94	8.07	4.08	3.15
试验组 4	23.95	19.85	13.84	8.51	4.57	2.38	0.89	16.51	14.31	8.55	3.82	2.46

6.2.4　迁移特性分析

图 6-29 为 A 箱由 30℃上升至 35℃时（试验组 1-3）各测点温度变化过程图。由图 6-29（a）可知，距 A 箱越近，温度变化越快，温度值变化亦越大。A 侧 1♯ 测点温度率先发生变化，在 6h 后基本稳定，在所有测点中 1♯ 测点温度值变化最大，为 4.76℃；位于墙体最内侧的 7♯ 测点，温度值基本不受室外温度变化影响。所有测点的温度在 16h 后均达到稳定状态。由图 6-29（b）可知所有测点温度在第一天内均达到稳定状态。

图 6-30 为 A 箱温度由 30℃上升至 35℃时（试验组 1-3）墙体内各测点相对湿度变化过程图。由图 6-30（a）可知，随着 A 箱温度上升，1♯ 测点相对湿度最先发生变化，然后是 2♯ 测点和 3♯ 测点；2♯ 测点相对湿度上升幅度最大，在 4h 内上升了 2%。1♯ 和 2♯ 测点相对湿度上升后又有小幅下降，这是由于温度升高所致。2♯ 和 3♯ 测点相对湿度在第 1 天分别上升了 1.22% 和 1.16%，其他测点的相对湿度在前 24h 内未发生明显变化。由图 6-30（b）可知，5d 时间内，2♯ 测点相对湿度一直处于上升状态，这是由于 2♯ 测点位于秸秆压缩块内部，吸湿性能强，3♯ 测点相对湿度在第 1 天上升速度较快，之后逐渐变缓，在第 5 天时相对湿度趋于稳定状态。4♯～7♯ 测点的相对湿度在前 5d 均有小幅度波动，但是在第 5 天时均接近稳定状态。

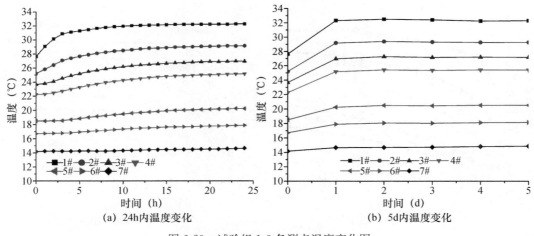

(a) 24h内温度变化　　　　(b) 5d内温度变化

图 6-29　试验组 1-3 各测点温度变化图

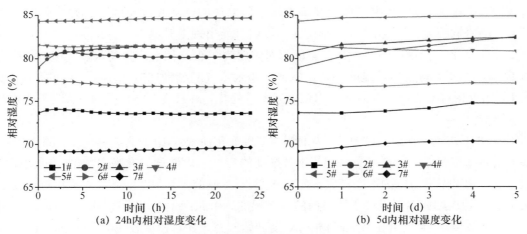

(a) 24h内相对湿度变化　　　　(b) 5d内相对湿度变化

图 6-30　试验组 1-3 各测点相对湿度变化图

图 6-31 是试验组 2-1 温度变化过程图。试验组 2-1 开始之前，墙体所在的室内环境温度为 7.70℃。由图 6-31（a）各测点 24h 内的温度变化可以得到距 B 侧越近，温度变化越快，温度值变化亦越大。B 侧 7♯测点温度率先发生变化，在 24h 后基本稳定，在所有测点中 7♯测点温度值变化最大，为 15.96℃。5♯～7♯测点的温度在前 5h 内上升幅度最大，速度较快，而 1♯～4♯测点温度从第 5h 开始有明显的上升，并且上升速度比较平缓。由图 6-31（b）可以看到，所有测点温度在第 1 天内上升值最大，其中 7♯测点在第 1 天内温度达到稳定状态，所有测点温度在第 3 天达到稳定状态。由试验组 2-1 与试验组 1-3 温度迁移特性对比可得，墙体两侧的温差决定了墙体内各测点温度均达到稳定状态的时间长短。

图 6-32 是试验组 2-1 相对湿度变化过程图。从图 6-32（a）中可以看到 6♯和 7♯测点处的相对湿度最先开始上升，尤其是 6♯测点在前两小时内有很大的增长，这是由于 6♯测点埋设在小麦秸秆压缩块中，其吸湿能力较强。6♯和 7♯测点的相对湿度分别在 2h 和 4h 产生下降趋势，这是由于前两小时内 6♯和 7♯测点处温度升高幅度大，速度快带动了相对湿度的升高，当温度升高速度逐渐平缓时该点处的相对湿度下降恢复至正常值，该现象说明热量和湿分在混凝土夹心秸秆砌块墙体的传递中存在着很强的耦合作用。4♯测点的相对湿度在 24h 内

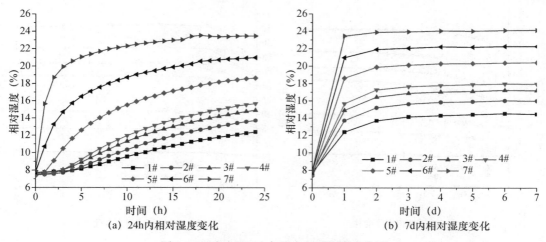

(a) 24h内相对湿度变化   (b) 7d内相对湿度变化

图 6-31　试验组 2-1 各测点相对湿度变化图

升高值较大，这是因为 4♯测点埋设在小麦秸秆压缩块中，其吸放湿性能较好，因此相对湿度受温度的影响较大。1♯测点相对湿度在 10h 时开始出现上升趋势，这是由于 1♯测点初始相对湿度为 63%，而试验组 2-1 中 A 箱的相对湿度为 80%，因此产生的水蒸气压力差使得靠近 A 侧墙体的 1♯测点相对湿度升高，但是由于水蒸气的扩散速度远小于温度的传递速度，因此 1♯测点相对湿度在 10h 后才会出现缓慢上升趋势，并且在 24h 内只对 1♯测点的相对湿度产生影响。

图 6-32（b）为试验组 2-1 在 7d 内的相对湿度变化曲线。由图可得 3♯～7♯测点在第 7d 时基本达到稳定状态，这是因为该点处相对湿度的变化是由温度的升高引起的，因此随着温度的稳定，相对湿度稳定的速度较快。而对于靠近 A 侧的 1♯和 2♯测点，其相对湿度的升高是由于 A 箱内的相对湿度高于墙体内的相对湿度，由此产生的水蒸气压力差引起的，因此其上升速度缓慢，2♯测点在第 1d 后相对湿度开始升高，并且速度较 1♯测点慢，在第 7d 时相对湿度呈上升趋势。

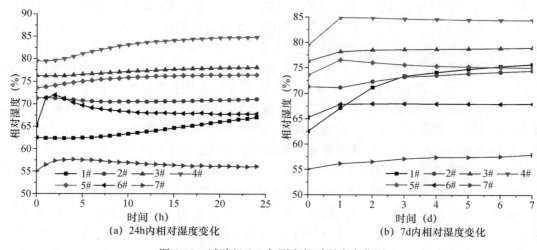

(a) 24h内相对湿度变化   (b) 7d内相对湿度变化

图 6-32　试验组 2-1 各测点相对湿度变化图

试验组 3-4A 箱中相对湿度由 75％上升至 90％时，墙体内各测点相对湿度的变化过程如图 6-33 所示。图 6-33（a）中，边界条件发生变化后，1♯测点相对湿度率先发生变化，24h 内上升了 2.35％，2♯测点相对湿度在第 23h 时开始出现显著的上升趋势，其他测点的相对湿度基本不变。由图 6-33（b）可知，1♯、2♯、3♯测点相对湿度在 7d 内分别上升了 8.07％、5.78％和 3.02％；1♯测点前 2d 相对湿度变化速度最快，之后速度变缓；第 7 天，1♯～3♯测点相对湿度变化曲线呈继续上升趋势。两组工况中，4♯～7♯测点的相对湿度在边界条件改变后变化幅度很小，基本保持稳定，说明室外边界条件变化仅对靠近墙体外侧的相对湿度有影响，对墙体内部及内侧的相对湿度影响不大。

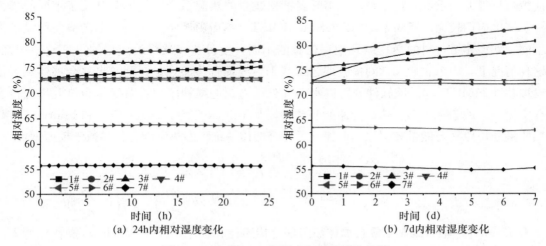

图 6-33　试验组 3-4 各测点相对湿度变化图

6.2.5　小结

本节通过对 4 种不同工况下混凝土夹心秸秆砌块墙体内温度、相对湿度、含湿量曲线图的对比和分析得到以下结论：

（1）试验组 1、2、3、4 温度曲线变化图显示，距离高温侧越近，墙体内的温度变化较大，而远离高温侧的测点温度变化很小，并且温度曲线在 4♯测点处有明显的波动，说明小麦秸秆压缩块的填充阻碍了墙体内热量的传递。

（2）试验组 1、2、3、4 相对湿度和含湿量曲线变化图显示，远离边界条件变化一侧的测点相对湿度和含湿量变化很小，是由于小麦秸秆压缩块水蒸气渗透系数很小，吸湿性能较好，说明小麦秸秆压缩块的填充对墙体内湿度的传递具有阻碍作用。

（3）试验组 1 和试验组 2 对比分析显示，热湿传递方向不同时，相对湿度、含湿量的曲线形态、极差均不同，说明温度梯度对相对湿度的分布影响较大，高温高湿环境对墙体内相对湿度的影响很大，墙体内的热湿传递存在着很强的耦合作用。

（4）试验组 1、3、4 墙体两侧相对湿度和含湿量变化的比较可得墙体一侧环境温度或相对湿度的变化分别对墙体内含湿量、相对湿度的分布影响较大，并且墙体一侧环境的变化仅对靠近该侧墙体的湿度分布影响较明显，对远离该侧的墙体影响较小。

（5）对选取试验组的热湿迁移过程进行分析可得，在试验过程中，环境相对湿度对墙体内湿组分分布的影响速度缓慢，墙体两侧的温差越大墙体内各测点温度达到平衡的时间越长，墙体内热湿传递过程存在着很强的耦合作用。

6.3　数值模拟

6.3.1　复合墙体热湿性能模拟软件 HMCT1.0

多层墙体热湿耦合试验研究是一个长期的过程，为了节省时间和资源，开展热湿耦合传递模拟就显得尤为重要。近年来，很多学者根据建立的热湿耦合传递模型开发了不同的模拟软件，其中应用较为广泛的是 UMIDUS 和 MOIST，然而由于学者采用的驱动势及假设条件的不同、新型建筑材料的涌现以及地理位置的不同，使得这些软件的应用缺少广泛适用性。在这种情况下，山东农业大学刘福胜课题组基于热湿耦合传递理论，开发出复合墙体热湿性能模拟软件 HMCT1.0。该软件分别以水蒸气分压力、毛细管压力、温度作为热湿耦合传递过程水蒸气、液态水迁移、热量传递的驱动势，基于 Fick 定律、Darcy 定律和 Fourier 定律，根据质量守恒原理与能量守恒原理，建立了复合墙体一维瞬态热湿耦合传递数学模型。

$$\rho_{d} \frac{\partial d}{\partial t} = -\frac{\partial}{\partial x}\left(k_{v} \frac{\partial P_{v}}{\partial x}\right) - \frac{\partial}{\partial x}\left(k_{lw} \frac{\partial P_{lw}}{\partial x}\right) \tag{6-3}$$

$$\rho_{d}(c_{p,d} + d_{v} \cdot c_{p,v} + d_{lw} \cdot c_{p,lw})\frac{\partial T}{\partial t} + I_{v-lw}h_{v-lw} = \frac{\partial}{\partial x}\left(k_{th}\frac{\partial T}{\partial x}\right) + \frac{\partial}{\partial x}\left(k_{v}\frac{\partial P_{v}}{\partial x}\right)h_{v-lw} \tag{6-4}$$

采用 Fortran 语言编制了复合墙体热湿耦合传递计算程序，并在 Windows 操作环境下混编 VB 程序和 Fortran 程序，开发出复合墙体热湿性能模拟软件 HMCT1.0。该软件可对不同室内外环境参数下复合墙体温度场、湿度场进行快速计算及分析，为方便快捷地选择合适墙体组材奠定了基础。该软件现阶段最多可计算 12 层墙体材料的热湿性能。

HMCT1.0 软件包括数据前处理、热湿耦合计算与数据查看、数据后处理及帮助四个模块。软件运行时，首先在前处理模块中输入室内外环境的原始参数以及墙体各层材料的物性参数，然后热湿耦合计算与数据查看阶段进行数据计算并查看计算结果，数据后处理模块可对模拟结果数据进行筛选并绘制图形。

本例中试验墙体组材层数为 9 层，分别为 10mm 水泥砂浆、25mm 混凝土、30mm 秸秆压缩块、25mm 混凝土、80mm 秸秆压缩块、25mm 混凝土、30mm 秸秆压缩块、25mm 混凝土和 10mm 水泥砂浆。各组材物性参数见表 6-3。数值计算时墙体沿墙厚划分节点数为 100 个，时间增量为 3600s，总荷载步数为 48 步，计算结果与试验结果的对比见 6.3.2、6.3.3 节。

表 6-3　三组材物性参数

材料	导热系数 [W/(m·K)]	干密度 (kg/m³)	比热容 [J/(kg·K)]	孔隙率	饱和度	水蒸气渗透系数 (kg/m·Pa·s)
砂浆	0.940	1890	1050	0.2396	0.4575	2.58×10^{-11}
混凝土	1.515	2050	920	0.1676	0.6116	8.74×10^{-11}
秸秆块	0.044	257	2010	0.4929	0.0261	7.51×10^{-12}

6.3.2　试验组 1 模拟与试验结果对比分析

从试验组 1 中模拟结果与试验结果的对比可得，各试验组温度与相对湿度试验值与模拟值的变化趋势基本一致，各组温度模拟值与试验值的平均偏差与最大偏差见表 6-4，从表 6-4 中可得，随着墙体两侧温度梯度的升高，温度偏差值越来越大，最大偏差值发生在 3♯～5♯测点附近，出现偏差的原因主要是传感器的埋放位置可能会出现偏差，并且埋放传感器的孔洞较大，导致试验结果不够精确；随着温度梯度的升高，相对湿度的偏差值变小，最大偏差值均发生在 7♯测点处。

表 6-4　试验组 1 偏差统计表

试验组		1-1	1-2	1-3	1-4
温度（℃）	平均偏差	0.66	0.79	1.21	1.17
	最大偏差	1.08（4♯）	1.38（3♯）	2.45（5♯）	2.65（5♯）
相对湿度（%）	平均偏差	12.13	7.47	3.8	3.81
	最大偏差	26.5（7♯）	16.23（7♯）	12.58（7♯）	10.28（7♯）

结合图 6-34 至图 6-37 可知，4 个试验组中 5♯～7♯测点处的误差较大，这是由于墙体内初始相对湿度较高导致（墙体砌筑完成并在室内放置一个月之后开始进行试验，此时墙体的初始相对湿度保持在 80% 左右），试验组 1-1 中试验与模拟的相对湿度偏差较大也是由于此原因导致。

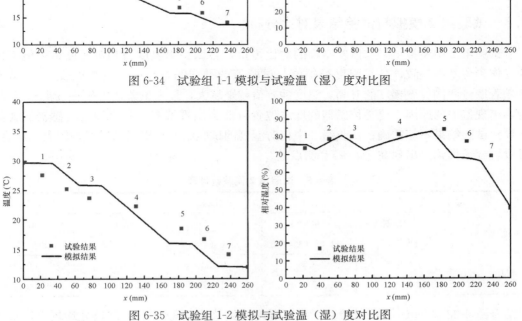

图 6-34　试验组 1-1 模拟与试验温（湿）度对比图

图 6-35　试验组 1-2 模拟与试验温（湿）度对比图

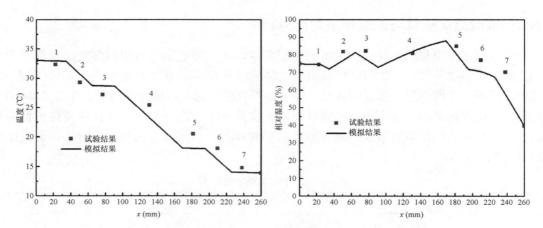

图 6-36　试验组 1-3 模拟与试验温（湿）度对比图

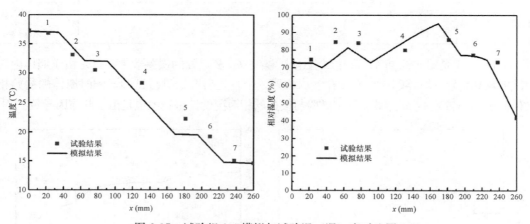

图 6-37　试验组 1-4 模拟与试验温（湿）度对比图

6.3.3　试验组 2 模拟与试验结果对比分析

从试验组 2 中模拟结果与试验结果的对比可得，各试验组温度与相对湿度试验值与模拟值的变化趋势基本一致，各组温度模拟值与试验值的平均偏差与最大偏差见表 6-5，从中可得，随着墙体两侧温度梯度的升高，温度偏差值越来越大，最大偏差值发生在 3♯～5♯测点附近，出现偏差的原因主要是传感器的埋放位置可能会出现偏差，并且埋放传感器的孔洞较大，导致试验结果不够精确；试验组 2 中相对湿度的试验结果与模拟结果偏差较大，从表 6-5中可以看到最大偏差出现在 4♯～5♯测点处。

表 6-5　试验组 2 偏差统计表

试验组		2-1	2-2	2-3	2-4
温度（℃）	平均偏差	0.63	0.86	1.19	1.27
	最大偏差	1.08（3♯）	2.46（5♯）	3.06（5♯）	2.65（3♯）
相对湿度（%）	平均偏差	9.4	12.53	12.19	11.07
	最大偏差	20.47（5♯）	28.1（4♯）	29.91（4♯）	28.74（4♯）

结合图 6-38 至图 6-41 可以看到，相对湿度的偏差值在 4♯～7♯测点处均较大，这主要

是由于墙体内部初始相对湿度较高，墙体内的散湿是长期的过程，试验开展时每组只进行7d，因此与模拟值相差较大，但是墙体内 1♯～3♯ 测点处的相对湿度试验结果与模拟结果比较吻合，这主要是由于墙体 A 侧相对湿度较高，靠近墙体外侧的测点受环境影响较大，相对湿度较高。

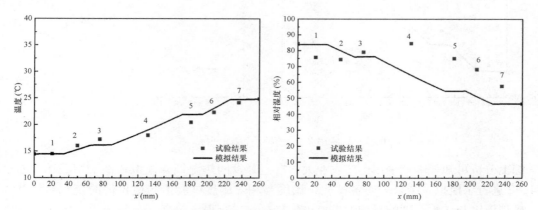

图 6-38　试验组 2-1 模拟与试验温（湿）度对比图

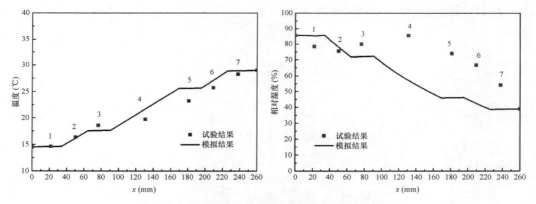

图 6-39　试验组 2-2 模拟与试验温（湿）度对比图

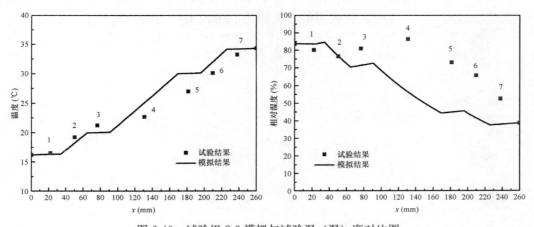

图 6-40　试验组 2-3 模拟与试验温（湿）度对比图

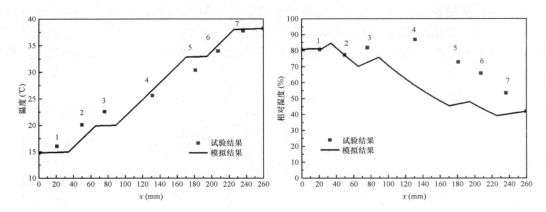

图 6-41　试验组 2-4 模拟与试验温（湿）度对比图

　　综上分析可知，本节采用山东农业大学自主开发的热湿耦合模拟软件 HMCT1.0 对试验组 1、2 进行了模拟，结果表明各试验组温度与相对湿度试验值与模拟值的变化趋势基本一致，模拟温度与试验温度的平均偏差 0.9℃左右，吻合程度较高；试验组 1 中模拟相对湿度与试验结果平均偏差为 6.8％左右，而试验组 2 中平均偏差为 11％左右，相对湿度产生偏差的主要原因是墙体内的初始相对湿度较高。

第三篇
混凝土夹心秸秆砌块砌体结构

第7章 保温承重型砌块砌体轴压性能研究

7.1 试验设计

7.1.1 试验目的

保温承重型砌块的特征是在厚度方向上由内外四层壁将砌块分为三排孔,三排孔根据结构及墙体保温性能要求设置钢筋混凝土芯柱或填置保温块材,保温承重型砌块截面形式及砌块有效净受压面积与普通混凝土空心砌块存在明显差异,为推广应用该砌块,需要研究该砌块砌体的抗压强度计算方法。本试验的目的在于开展保温承重型砌块标准砌体抗压强度试验,探索灌芯、芯柱设插筋、秸秆压缩块等因素对保温承重型砌块砌体的开裂强度、抗压强度、弹性模量及破坏形态的影响,寻找其与普通混凝土小型空心砌块标准砌体抗压性能的关系,从而得出适用于保温承重型砌块砌体的基本力学参数表达方法,为工程实际提供更确切的理论依据。

7.1.2 试验方案

(1)方案设计

本试验所采用砌块由课题组自行制作,在山东农业大学结构实验室完成,保温承重型砌块及配套的 1/2 型砌块如图 7-1 所示。

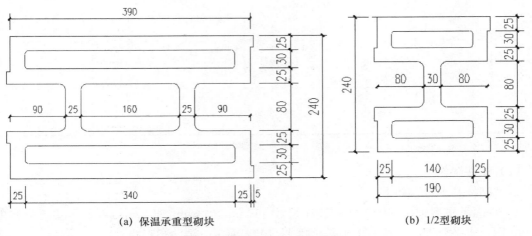

(a) 保温承重型砌块   (b) 1/2型砌块

图 7-1 试验采用的砌块块型

本文采用三皮标准砌体试件测试保温承重型砌块砌体的抗压强度。试件尺寸为 590mm×240mm×390mm(高×宽×长),底皮和顶皮砌块采用保温承重型砌块,中间一皮采用两块配套设计的 1/2 型砌块对砌,形成一条竖缝,砌体中心形成竖向贯通孔洞,如图 7-2 所示;芯柱截面尺寸为 160mm×80mm,芯柱位置如图 7-3 所示,砌块 30mm×340mm 的矩形侧孔用于填置秸秆压缩块，作为保温隔热层。

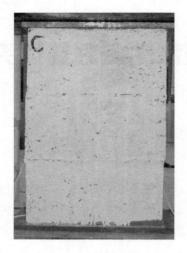

图 7-2　砌体试件

图 7-3　芯柱位置

考虑灌注芯柱、芯柱插筋、秸秆压缩块等因素对试件抗压强度、开裂荷载以及破坏形式的影响。试件分两批制作完成，共制作试件 14 个，试验方案具体参数见表 7-1。

表 7-1　保温承重型砌块砌体抗压试验方案

试件编号	灌注芯柱	芯柱插筋	填置秸秆压缩块	孔洞率 δ	填孔率	灌孔率 ρ
X1-1 X1-2 X1-3	是	否	否	50.9%	0	26.9%
X2-1 X2-2	否	否	否	50.9%	0	0
＊X3-1 ＊X3-2 ＊X3-3	是	是	否	50.9%	0	26.9%
＊X4-1 ＊X4-2 ＊X4-3	否	否	是（侧孔）	50.9%	42.9%	0
＊X5-1 ＊X5-2 ＊X5-3	是	否	是（侧孔）	50.9%	42.9%	26.9%

注："＊"表示第二批试件，填孔率＝填置秸秆压缩块面积/砌块孔洞面积。

（2）试件制作

试件制作基本过程如下：

1）保温承重型砌块砌体试件砌筑在尺寸 450mm×240mm×10mm 双面平整无突起的钢板上。钢板水平放置，砌筑前用水平尺找平，上表面覆一层薄塑料膜。

2）砌体试件砌筑完成后静置 12h，试件顶部压放一个砌块。在室内，用塑料布将所有试块密封起来，定时洒水养护 28d。

3）对标准砌体试件外观检查，对破损试件做记录；舍弃破损严重的试件。

4）试件表面刷一薄层过筛白石灰浆，打网格便于观察裂缝；采用高强砂浆找平试件顶面，仅对找平砂浆刷适量水养护 3d。

（3）材性试验

试件材性试验主要包括保温承重型砌块及水泥砂浆的抗压强度和灌芯混凝土的抗压强度。材料力学性能试验每种材料制作试件 3 个，在砌体试件加载试验前完成，以便于估算砌体试件的抗压强度和确定砌体试件预加载值，材料性能试验结果平均值见表 7-2。

表 7-2　砌体试件材料平均强度

	砌块 f_1（MPa）	砂浆 f_2（MPa）	灌芯混凝土（MPa）
标准养护试件	-	14.03	53.97
同条件养护试件	11.60	13.10	49.64

（4）加载与测试

保温承重型砌块砌体抗压强度试验采用静力加载方法，在山东农业大学结构实验室进行，加载设备为济南试金集团研发的 YAW-3000F 微机控制电液伺服四立柱结构试验机，如图 7-4 所示。该试验机反力系统由水平轨道（试件底座）和四立柱加载架构成，最大加载量程为 3000kN，能进行梁、柱、墙等静力试验，性能稳定；根据研究需要，通过更换加载头，可实现单点加载、两点加载及刚性分配梁均布加载等多种方式。本实验采用底面平整的加载梁直接找平对中后的试件加载。

图 7-4　YAW-3000F 微机控制电液伺服结构试验机

试验步骤及加载制度如下：

1）将标准砌体试件连同底部钢板移至试验机加载位置，几何对中。

2）安装位移计。试件预加载到预计破坏荷载的 5%～20%，检查仪表的灵敏度和安装牢固程度。反复预压 3～5 次进行物理对中，当位移计变化值相差小于 10% 时，可以认为试件对中良好；否则需重新调整试件的位置或垫平试件。

3）正式加载前记录千分表初始读数/位移计清零。试验力控制分级施加荷载，每级荷载 50kN，每级荷载施加后持荷 1～2min，观察试件状态，同时测记变形量。

4）试验过程中应及时记录试件破坏形态，如裂缝出现、发展等现象。砌块破坏后对裂缝进行拍照。

在试验过程中，主要测试：芯柱插筋应变分布与变化规律；砌块砌体竖向压缩变形与发展规律；砌块砌体抗压承载能力。

7.2 试验现象与结果

7.2.1 试验现象

对于不同参数状态的试件，破坏形态不尽相同，但根据压缩变形的发展状态，在不考虑试件压密阶段的情况下，基本包括如下三个阶段：

弹性阶段：包括非开裂阶段和开裂阶段，由加载压密段结束至砌块表面灰缝或砌块开裂形成一定数量的肉眼可见裂缝。根据试验观察裂缝主要出现在灰缝上下端附近、砌块宽度方向和砌块壁材质均一性较差的薄弱位置，裂缝发展缓慢，新裂缝不断出现。砌块砌体内第一皮裂缝产生时的荷载平均为破坏荷载的 45%～62%，空心砌体开裂荷载明显较灌芯砌体低。此时应力应变曲线处于线性段。

弹塑性阶段或裂缝迅速发展阶段：砌块砌体新裂缝发展减缓，裂缝加宽已明显，并迅速形成贯通裂缝，水平灰缝产生较明显的压缩变形并伴有受压外涨现象，个别试件砌块外壁由于材料均一性稍差，产生裂缝斜向发展。该阶段历程较短，试件产生贯通缝之后迅速进入下一阶段。

破坏阶段：当达到极限荷载的 95% 以后，短时间内，裂缝发展宽度明显加大，荷载增加速率大幅下降，并伴有"嘶嘶"的声响，试件外壁或边角部位出现砌块壁破碎剥落现象，荷载迅速下降至 80kN 以下，试件破坏表现为明显的脆性破坏。部分试件在撤除上承压板前外形完好，撤除后破碎。试件破坏形态为典型的脆性破坏。

（1）非灌孔砌块砌体破坏形态

图 7-5 和图 7-6 均是非灌孔砌块砌体试件的最终破坏形态，其中图 7-6 中试件内侧孔填置了秸秆压缩块。分析可知，两个砌体试件破坏形态基本一致，均为砌体边角处破坏导致最终破坏，试件上的竖向裂缝均向上、下两端发展过程中出现倾斜，这是因为压力机上下端板与试件接触处存在较大摩擦力对试件产生"套箍效应"，限制上下端板附近的裂缝发展，这一点与混凝土标准试件的锥形受压破坏特征相类似。试件破坏后仍保持完好的外形，无当量碎块剥落。

图 7-5 ＊X2 组砌体破坏形态

（2）灌孔砌块砌体破坏形态

图 7-7 是灌孔不填置秸秆压缩块的 X1 组的砌块砌体破坏形态，砌体角部和端部均出现贯通裂缝，最终破坏为角部区域竖向完全贯通并脱落。

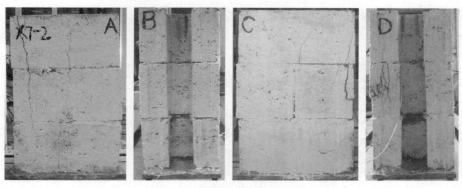

图 7-6　X4 组砌体破坏形态

图 7-7　X1 组砌体破坏形态

图 7-8 是灌孔填置秸秆压缩块的两种砌块砌体的破坏形态，其一为砌体产生竖向裂缝，砌体端部裂缝发展迅速并贯通，此时试件已达到峰值荷载，继续加载导致一侧壁与砌体完全分离，受压失稳剥落，伴有秸秆压缩块掉落；其二为砌体角部脱落，露出秸秆压缩块。

图 7-8　X5 组破坏形态

在砌块砌体芯柱内插 1Φ14 钢筋，当试件达到极限荷载后出现明显开裂形象，但外形较为完好。图 7-9 为达到峰值荷载后继续加载所致最终破坏形态，可以看到试件破坏比较充分，外层砌块壁大量开裂剥落，与芯柱接触的内层砌块壁也出现明显开裂，但未剥离，此时试件已完全丧失承载能力。

图 7-9　X3 组砌体破坏形态

（3）灌孔设插筋砌体芯柱破坏形态

图 7-10 至图 7-13 为无筋芯柱与剥离外层砌块及混凝土后的芯柱插筋破坏形态。芯柱以 60°左右倾斜角发生受压破坏。芯柱插筋为局部受压失稳破坏。砌块与芯柱在破坏部位局部发生粘结破坏，其他部位仍有效粘结为一体。

图 7-10　无筋芯柱破坏形态　　　　　　图 7-11　插筋芯柱破坏形态 Ⅰ

图 7-12　插筋芯柱破坏形态 Ⅱ　　　　　图 7-13　插筋芯柱破坏形态 Ⅲ

7.2.2　试验结果

保温承重型砌块砌体的抗压强度试验结果见表 7-3，其中 f_u 为极限抗压强度试验值，根据《砌体基本力学性能试验方法标准》（GB/T 50129-2011）规定按公式（7-1）计算：

$$f_u = \frac{N_u}{A} \tag{7-1}$$

式中　N_u——砌块砌体抗压试验强度极限荷载（N）；

　　　A——试件的毛截面面积（mm^2）；

　　　f_u——试件抗压强度值（MPa）。

表 7-3 中，f_{cr} 为标准试件开裂强度试验值，按式（7-2）计算：

$$f_{cr} = \frac{N_{cr}}{A} \tag{7-2}$$

式中　N_{cr}——为标准砌体抗压初裂荷载（N）；

　　　f_{cr}——为抗压试件开裂强度（MPa）。

表 7-3　保温承重型砌块砌体抗压强度与开裂强度试验测试值

编号			抗压强度 f_u（MPa）	平均 f_u（MPa）	开裂强度 f_{cr}（MPa）	开裂系数	开裂系数均值
灌芯试件	X1	X1-1	7.84		6.15	0.78	
		X1-2	11.32	11.37	6.97	0.62	0.605
		X1-3	11.42		6.71	0.59	
	X5	* X5-1	9.87		5.24	0.53	
		* X5-2	11.93	11.27	8.01	0.67	0.58
		* X5-3	12.02		6.61	0.55	
均值			10.73		6.62	0.62	
变异系数			0.15		0.14	0.15	
插筋试件	X3	* X3-1	17.67		11.5	0.65	
		* X3-2♯	9.43	16.35	2.97	0.31	0.585
		* X3-3	15.02		7.8	0.52	
均值			16.35		9.6	0.59	
变异系数			0.11		0.27	0.16	
未灌芯试件	X2	X2-1	6.43		4.51	0.7	
		X2-2	5.28	5.85	2.88	0.55	0.625
	X4	* X4-1	7.21		3.55	0.49	
		* X4-2	6.44	7.01	1.99	0.31	0.45
		* X4-3	7.39		4.11	0.56	
均值			6.55		3.41	0.52	
变异系数			0.13		0.29	0.27	

注："＊"表示第二批试件，♯表示加载过程数据采集系统出现异常，相应数据不参与计算

7.3　试验结果分析

7.3.1　保温承重型砌块砌体抗压强度影响因素分析

（1）秸秆压缩块对保温承重型砌块砌体受压承载力的作用

由表 7-1 可知，X1 组与 X5 组试件均灌注混凝土芯柱但不设内插钢筋，X2 组和 X4 组试件不灌注芯柱；X1 组与 X2 组试件填置秸秆压缩块；X5 组与 X4 组试件未填置秸秆压缩块。

表 7-3 表明，X4 组抗压平均值较 X2 组高 19.8%，X1 组抗压平均值与 X5 组基本一致。可见秸秆压缩块对于保温承重型砌块砌体的受压承载力影响极小，其原因有两点：第一，保温承重型砌块考虑到保温效果在砌块长度方向两侧矩形孔洞内填置了秸秆压缩块，填孔率 42.9%，填孔截面占砌体毛截面面积的 21.8%，小于基于普通混凝土小型空心砌块的混凝土夹心秸秆砌块约 58% 的填空率；第二，秸秆块压缩变形远大于混凝土砌块，二者无法有效共同工作。进一步分析可知，X4 组与 X5 组开裂强度及开裂系数均值分别低于 X2 和 X1，可见秸秆压缩块对于砌体试件的开裂有一定的促进作用。其原因可能是，试件制作所采用的片状秸秆压缩块厚度方向为压缩成型方向，成型后回弹变形较大，填入孔洞时厚度方向存在一定挤压，使填秸秆块的砌块壁相比于空心状态增加了向外的侧向挤压力，导致砌块受压后开裂强度降低。

（2）芯柱对保温承重型砌块砌体受压承载力的作用

保温承重型砌块砌体芯柱截面为 160mm×80mm，灌孔率 26.9%，灌孔面积与砌体截面积比为 13.7%。从表 7-3 可以看出，X1 组与 X5 组试件较 X2 组与 X4 组抗压强度分别提高 48.5% 和 37.8%，开裂荷载平均值提高 48.5%。可见对于保温承重型砌块砌体当采用较高强度灌芯混凝土（49.64MPa）时，可显著提高砌体试件的抗压承载能力。

（3）芯柱插筋对保温承重型砌块砌体受压承载力的作用

X3 组试件灌注芯柱并内插 1Φ14 的钢筋。从表 7-3 可以看出，该组试件抗压强度平均值达到 X1 组与 X5 组灌芯砌体试件的 1.44 倍，达到 X2 组与 X4 组非灌芯砌体试件的 2.79 倍和 2.33 倍（两组平均值的 2.5 倍）。芯柱插筋对于保温承重型砌块砌体的抗压承载力作用显著。

7.3.2　砌体抗压强度分析

（1）非灌芯砌体抗压强度

为对比研究保温承重型砌块砌体与普通小型混凝土空心砌块砌体抗压承载能力，将试验结果与《砌体结构设计规范》（GB 50003-2011）给出的混凝土空心砌块砌体的抗压强度平均值公式（7-3）计算结果进行对比分析，结果见表 7-4。

$$f_m = 0.46 f_1^{0.9}(1 - 0.07 f_2)K_2 \tag{7-3}$$

式中　f_m——为砌体平均抗压强度（MPa）；

　　　K_2——砌体强度修正系数，$K_2 = 1.1 - 0.1 f_2$，$f_2 > 10$MPa；

　　　f_1——块体的强度（MPa）；

　　　f_2——为砂浆的强度（MPa）。

从表 7-4 可以看出，对于保温承重型砌块砌体，公式（7-3）计算结果与试验值相比平均高 15.6%，出于安全考虑，不可采用公式（7-3）计算非灌芯保温承重型砌块砌体抗压强度。

公式（7-3）计算均值较试验结果低 15.6%，但计算结果的变异系数较低为 0.127，因此引入保温承重砌块砌体抗压强度修正系数 α，将公式（7-3）调整为：

$$f_m = 0.46\alpha f_1^{0.9}(1 - 0.07f_2)K_2 \tag{7-4}$$

其中保温承重型砌块砌体抗压强度修正系数 α 的取值为：

$$\alpha = 1 - 0.156 = 0.844$$

将保温承重型砌块砌体抗压强度修正系数 α 取值带入公式（7-4）得到计算结果列于表 7-4。

表 7-4　非灌芯砌块砌体抗压强度对比分析

编号	极限强度 f_u（MPa）	砂浆强度 f_2（MPa）	砌块强度 f_1（MPa）	式(7-3)计算值(MPa)	试验值/公式(7-3)	式(7-4)计算值(MPa)	试验值/公式(7-4)
X2-1	6.43	13.10	11.60	7.76	0.83	5.95	0.98
X2-2	5.28	13.10	11.60	7.76	0.68	5.95	0.79
＊X4-1	7.21	13.10	11.60	7.76	0.93	5.95	1.11
＊X4-2	6.44	13.10	11.60	7.76	0.83	5.95	0.98
＊X4-3	7.39	13.10	11.60	7.76	0.95	5.95	1.14
均值					0.844		1.01
变异系数					0.127		0.126

（2）灌芯砌体抗压强度分析

《砌体结构设计规范》（GB 50003-2011）给出的灌芯砌体抗压强度平均值采用公式（7-5）计算：

$$f_{g,m} = f_m + 0.63\alpha f_{c,m} \tag{7-5}$$

$$\alpha = \delta\rho \tag{7-6}$$

式中　$f_{g,m}$——灌孔砌体抗压强度平均值（MPa）；

$f_{c,m}$——芯柱混凝土强度平均值（MPa）；

α——混凝土砌块砌体中灌孔混凝土面积与砌体毛面积的比值；

δ——混凝土砌块的孔洞率（%）；

ρ——混凝土砌块灌孔率（%）。

但该规范要求混凝土砌块砌体的灌孔率不应小于 33%，灌孔率小于 33% 的砌块砌体抗压强度计算方法，规范并未给出。保温承重型砌块砌体的灌孔率为 26%，不满足公式（7-5）的适用条件。但本文仍采用公式（7-5）计算了标准砌体试件的抗压强度，砌体平均抗压强度 f_m 采用公式（7-4）计算，计算结果见表 7-5。

表 7-5　灌芯砌块砌体抗压强度对比分析

编号	极限强度 f_u（MPa）	砂浆强度 f_2（MPa）	砌块强度 f_1（MPa）	灌混凝土强度 $f_{c,m}$（MPa）	公式（7-5）计算强度值（MPa）	试验值/公式（7-5）值
X1-1	7.84	13.10	11.60	49.64	10.32	0.76
X1-2	11.32	13.10	11.60	49.64	10.32	1.10
X1-3	11.42	13.10	11.60	49.64	10.32	1.11

续表

编号	极限强度 f_u (MPa)	砂浆强度 f_2 (MPa)	砌块强度 f_1 (MPa)	灌混凝土强度 $f_{c,m}$ (MPa)	公式（7-5）计算强度值（MPa）	试验值/公式（7-5）值
＊X5-1	9.87	13.10	11.60	49.64	10.32	1.22
＊X5-2	11.93	13.10	11.60	49.64	10.32	0.96
＊X5-3	12.02	13.10	11.60	49.64	10.32	1.16
平均值						1.07
变异系数						0.149
＊X3-1	17.67	13.10	11.60	49.64	10.32	1.71
＊X3-2♯	9.43	-	-	-	-	-
＊X3-3	15.02	13.10	11.60	49.64	10.32	1.46
均值	16.85					1.58

注："＊"表示第二批试件，♯表示加载过程试验机液压系统出现异常，相应数据不参与计算

从表 7-5 可以看出，无插筋的灌芯砌体抗压强度试验值较公式（7-5）计算值吻合较好，公式（7-5）可以用于保温承重型砌块砌体的轴心抗压强度计算。

由表 7-5 中可知，有插筋灌芯砌体试件抗压强度试验值比公式（7-5）计算值分别高出 46％和 71％，芯柱增加 1Φ14 的插筋，明显提高了砌体的抗压承载力。因此，考虑芯柱插筋对灌芯砌体抗压承载力的提高作用有其必要性。

7.3.3 砌体弹性模量分析

(1) 弹性模量概述

砌体弹性模量是砌体结构的基本力学指标，是计算砌体构件刚度、变形、动力分析以及有限元分析时必不可少的一个参量。

砌体受压应力-应变曲线上各点的应力与应变之比可用变形模量来表示。随应力与应变值的不同，变形模量有三种表示方法（图 7-14）：

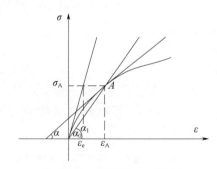

图 7-14　砌体弹性模量表示方法

1）初始变形模量。它是在应力-应变曲线的原点作曲线的切线，该切线的斜率即原点的切线模量：

$$E = \frac{\sigma_A}{\varepsilon_e} = \tan\alpha_0$$

式中　α_0——砌体受压应力-应变曲线上原点的切线与横坐标的夹角（°）；

σ —— 应力；

ε_e —— 应变。

2）割线模量。它是应力-应变曲线上原点 O 至某一点 A 处割线的斜率值：

$$E = \frac{\sigma_A}{\varepsilon_A} = \tan\alpha_1$$

3）切线模量。它是在应力-应变曲线上某一点 A 作曲线的切线，其应力增量与应变增量的比值称为相应 σ_A 时的切线模量：

$$E = \frac{\mathrm{d}\sigma_A}{\mathrm{d}\varepsilon_A} = \tan\alpha$$

变形模量的取值对砌体结构设计的影响较大。如在计算结构或构件的变形和刚度时，变形模量的取值将直接关系到结构或构件变形，这样就会对结构或构件的抗震设计产生影响；在对结构进行动力分析时，变形模量的取值会对结构的非线性分析结果产生影响；变形模量的取值还会对结构的振动周期产生影响。因此，变形模量是结构或构件分析时非常重要的指标。

（2）非灌芯砌体弹性模量

对于弹性模量的取值，各国有所不同。我国《砌体基本力学性能试验方法标准》（GB/T 50129-2011）规定，将 0 和 $0.43f_m$ 的割线作为未灌芯砌体的弹性模量。美国规范（ACI 530，1-95/ASCE6-95/TMS 602-95）规定：取 $0.05f_m$ 和 $0.33f_m$ 两点的割线模量作为弹性模量。考虑到试验过程中起始段存在压密段，且试验中某些试件在竖向应力达到 $0.4f_m$ 时，已经出现了裂缝，所以不宜完全按照我国规范的规定来取，本文采用 $0.05f_m$ 和 $0.33f_m$ 两点的割线模量计算试件的弹性模量。弹性模量试验值列于表 7-6 中。为便于对比研究，本文将《砌体结构设计规范》（GB 50003-2011）规定的砌块砌体弹性模量计算值也列于表 7-6 中，该规范对于砂浆强度大于 M10 的非灌芯混凝土砌块砌体弹性模量 E 规定为：

$$E = 1700f \qquad\qquad (7-7)$$

式中　f —— 砌体的抗压强度设计值（MPa）。

从表 7-6 可以看出，规范给出的砌体弹性模量计算值较试验值偏大。为了便于工程应用，本文采用公式（7-7）的表达形式，根据非灌芯保温承重型砌块砌体试验数据，拟合出弹性模量的计算公式（7-8），变异系数为 0.114。

$$E = 980f \qquad\qquad (7-8)$$

表 7-6　保温承重型砌块砌体试件弹性模量试验值和理论值

编号	f_u（MPa）	（0.33-0.05）f_u（MPa）	E 试验值（MPa）	E 公式（7-7）值（MPa）	实验值/公式（7-7）值	建议公式（7-8）值（MPa）	试验值/公式（7-8）值
X2-1	6.43	1.80	2449.5	4696.8	0.521	2709.6	0.90
X2-2	5.28	1.47	2174.1	3859.6	0.563	2225.0	0.98
* X4-1	7.21	2.02	3677.2	5271.6	0.698	3038.23	1.21
* X4-2	6.44	1.80	2694.6	4709.3	0.572	2713.82	0.99
* X4-3	7.39	2.07	2826.78	5404.40	0.523	3114.15	0.91
平均值					0.575		0.998
变异系数					0.126		0.114

（3）灌芯砌体弹性模量分析

《砌体结构设计规范》（GB 50003-2011）对灌芯砌体弹性模量的确定与混凝土空心砌块砌体的计算方法相同，用灌芯砌体的抗压强度替代混凝土空心砌块的抗压强度，公式为：

$$E=2000f_g \tag{7-9}$$

灌芯砌体的抗压强度平均值采用公式（7-4）计算，由公式（7-9）计算得到的弹性模量值与试验得到的弹性模量值列于表7-7中。

表7-7 砌体标准件弹性模量

编号	f_u（MPa）	（0.33-0.05）f_u（MPa）	E试验值（MPa）	公式（7-9）值（MPa）	公式（7-10）值（MPa）	试验值/公式（7-10）值
X1-1	7.84	2.2	3088.22	6744.02	3438.6	0.898
X1-2	11.32	3.17	4128.83	9739.32	4964.9	0.832
X1-3	11.42	3.2	4510.39	9822.01	5008.8	0.900
＊X3-1	17.67	4.95	6650.35	15197.01	7750.0	0.858
＊X3-2♯	9.43	2.64	－	－	－	－
＊X3-3	15.02	4.21	6421.35	12918.38	6587.7	0.975
＊X5-1	9.87	3.26	6824.94	8489.74	4328.9	1.577
＊X5-2	11.93	3.94	5468.83	10263.03	5232.4	1.045
＊X5-3	12.02	3.97	4849.26	10336.54	5271.9	0.920
平均值						1.001
变异系数						0.242

从表7-7可以看出：

（1）X3组试件芯柱内插1Φ14的钢筋，弹性模量大于X1组和X5组试件的平均值；

（2）规范给出的砌体弹性模量计算值是试验值的两倍左右，因此为了便于工程应用，本文采用公式（7-7）的表达形式，基于保温承重型砌块灌芯砌体的试验数据，拟合得出弹性模量计算采用公式（7-10）：

$$E=1020f_g \tag{7-10}$$

式中　f_g——灌孔砌体抗压强度设计值（MPa）。

7.3.4　芯柱插筋与砌块变形分析

图7-15是X3组砌体其中一个试件的芯柱插筋与砌块短边内凹处应力-竖向应变关系曲线。芯柱插筋应变片位于插筋中间1/2高度处，及对应砌体试件的1/2高度处；砌块应变片位于砌体顶皮砌块短边内凹处壁上，该位置砌块壁与芯柱紧密接触。从图7-15可以看出芯柱插筋变形与砌块变形在破坏前趋势相同，钢筋应变略大于砌块应变，原因是加载初期砌块部位存在一定的压密过程而钢筋直接与加载板接触即承受荷载不存在压密过程，导致砌体主裂缝形成前钢筋变形始终略大于砌块，到破坏阶段砌块出现大量裂缝后砌块出现反复的应力重分布，砌块应变超过钢筋，最终破坏钢筋出现局部受压屈服破坏，钢筋的强度没有得到充分发挥。因此，砌块破坏前变形与芯柱插筋变形基本一致，从而亦可以判断此阶段芯柱变形与砌块也基本一致。

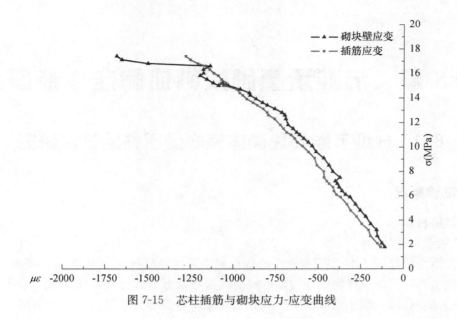

图 7-15   芯柱插筋与砌块应力-应变曲线

第8章 节能承重砌块砌体偏压性能研究

8.1 H型节能砌块砌体偏心受压性能试验研究

8.1.1 试验概况

(1) 试验材料

1) 节能承重砌块

本试验所用块材包括 H 型混凝土空心砌块和内置保温材料-秸秆压缩块（图 8-1）。其中，秸秆压缩块由粉碎后的农作物秸秆与无机胶凝材料石灰混合经冷压制作而成，并将其填充到混凝土空心砌块孔腔，组合而成混凝土夹心秸秆砌块，能够显著提高砌块的节能性能。砌体试件所用基本型砌块与半角型砌块的尺寸分别为 390mm × 240mm × 190mm、190mm × 240mm × 190mm，如图 8-1 所示。

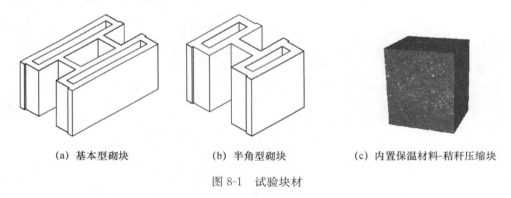

(a) 基本型砌块　　　　　(b) 半角型砌块　　　　　(c) 内置保温材料-秸秆压缩块

图 8-1　试验块材

按照《混凝土砌块和砖试验方法》（GB/T 4111—2013）砌筑，并对砌块抗压强度进行随机抽样检查，试件数量取为 6 个。使用玻璃平板处理试件的铺浆面与坐浆面，使两平面相互平行，对砂浆层通过边压边观察的方式将气泡全部排除，并用水平尺找平。试件的抗压强度精确至 0.1MPa，并按公式（8-1）计算。

$$R = \frac{P}{LB} \tag{8-1}$$

式中　R——试件的抗压强度，MPa；

　　　P——破坏荷载，N；

　　　L——受压面的长度，mm；

　　　B——受压面的宽度，mm。

实测抗压强度值见表 8-1。基本型、半角型砌块平均值分别为 10.9MPa、10.2MPa，强度的变异系数分别为 0.18、0.16，均小于 0.21，变异性较小，强度可认定为 MU10。

表 8-1　节能承重砌块抗压强度实测值（MPa）

编号	1	2	3	4	5	6	均值
基本型	10.7	11.8	11.7	10.1	10.3	10.5	10.9
半角型	9.8	10.1	10.4	10.7	9.7	10.6	10.2

2）砂浆

根据砌筑砂浆力学性能现行标准《建筑砂浆基本性能试验方法标准》（JGJ/T 70—2009）的有关规定进行试验。找平砂浆、砌筑砂浆均采用标准养护，砂浆的强度实测值见表 8-2。

表 8-2　砌筑砂浆抗压强度实测值（MPa）

对照组	编号	KX-1	KX-2	KX-3	KX-4	KX-5	KX-6	均值
	强度	13.10	12.82	12.60	13.89	13.37	13.34	13.17
试验组	编号	NJ-1	NJ-2	NJ-3	NJ-4	NJ-5	NJ-6	均值
	强度	12.66	13.40	13.06	13.21	13.45	12.60	13.10
	编号	GX-1	GX-2	GX-3	GX-4	GX-5	GX-6	均值
	强度	13.18	12.63	13.15	13.24	13.58	12.73	13.12

3）芯柱

芯柱强度，按照《普通混凝土力学性能试验方法标准》（GB/T 50081—2002）得到。通过 150mm×150mm×150mm 的标准试件测试芯柱灌孔混凝土的抗压强度，实测芯柱灌孔混凝土抗压强度见表 8-3，平均抗压强度为 25.36MPa。

表 8-3　芯柱抗压强度实测值（MPa）

编号	强度	平均
GX1-1	25.45	
GX1-2	26.09	25.36
GX1-3	25.52	

（2）试件设计与制作

本试验主要考虑偏心距、秸秆压缩块、灌孔混凝土三个因素，共设计了三组 9 种工况下的标准砌体抗压试件，分别为 KX 系列（未灌芯、未内置秸秆压缩块）、NJ 系列（未灌芯、内置秸秆压缩块）、GX 系列（灌芯、未内置秸秆压缩块），抗压试件基本情况见表 8-4。其中，GX 组在混凝土砌块砌体孔腔内灌注了芯柱，实测芯柱平均强度为 25.36MPa，芯柱配筋为 1Φ14，KX 组不灌注芯柱。每组包括 0mm、36mm、72mm 三种偏心距。通过对三组试件开展抗压性能试验研究，对比分析三组砌体的破坏特征、开裂荷载及极限荷载，研究不同偏心距、内置秸秆压缩块与否对砌块砌体破坏过程及破坏形态的影响规律，建立该 H 型砌块砌体单向偏心受压状态下的承载力计算方法，为工程实践提出建议，指导工程应用。

表 8-4　抗压试件基本情况

试件编号	灌注芯柱	偏心距/mm	内置秸秆块	孔洞率	填孔率	灌孔率
NJ-1		0				
NJ-2	否	36	是	18.5%	81.5%	0
NJ-3		72				

续表

试件编号	灌注芯柱	偏心距/mm	内置秸秆块	孔洞率	填孔率	灌孔率
KX-1		0				
KX-2	否	36	否	48.5%	0	0
KX-3		72				
GX-1		0				
GX-2	是	36	否	29.7%	0	38.7%
GX-3		72				

试件砌筑在尺寸为长×宽×厚＝1000mm×400mm×20mm 的双面平整无突起的钢板上。钢板水平放置，砌筑前用水平尺找平，整个砌筑过程由同一名瓦工完成，试件外廓尺寸为宽×厚×高＝590mm×240mm×1000mm，顶面用 10mm 厚水泥砂浆找平；需要灌孔的试件在墙体砌筑过程中，每隔 1 孔灌筑混凝土芯柱。芯柱底部须留有清槽孔（芯柱捣实过程中应注意不要将砂浆捣裂致使块体分离），施工完成后静置养护 48h，试件顶部采用 10mm 厚水泥砂浆找平，并用水平尺调整其平整度。在灌注混凝土的同时制作两组标准立方体抗压试件与砌体试件同条件养护，28d 后进行抗压试验。试件截面尺寸如图 8-2 所示。

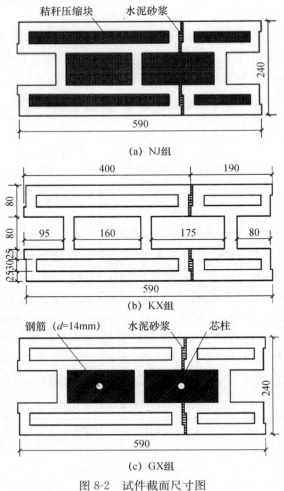

图 8-2　试件截面尺寸图

8.1.2 试验装置与加载

（1）试验装置

试验加载采用 YAW-3000F 微机控制电液伺服结构试验机，如图 8-3 所示。为保证试件偏心受压特点，精确实现不同的偏心距加载，在试件顶部受压钢板与试验机上压板之间设置了固定铰支座（刀口式），刀口中心线与试件截面形心间的距离即为加载偏心距 e。

图 8-3 YAW-3000F 微机控制电液伺服结构试验机

（2）加载制度

按照标准，试验在加载之前要进行预加载，预加载分三级进行，每级的荷载值取预估破坏荷载的 5%～10%，然后分级卸载，2～3 级卸完，每加载或卸载一级，需恒载 1～1.5min，使变形与荷载的关系趋于稳定，判断的标准为试件拉、压两侧变形差值不超过 10%。正式加载时，每级荷载为预估破坏荷载的 10%，从一级加载结束到下一级荷载开始，每级荷载的恒载时间为 1～2min，在某级荷载作用下的变形基本稳定后，施加下一级荷载。在试验过程中，按照相关试验方法标准，缓慢匀速加载，并用计算机静态数据采集系统记录施加的竖向荷载。

（3）测试内容与方法

测试内容与方法主要包括：测量砌体不同高度、不同位置处应力应变关系；记录试件平面内竖向位移、平面外侧位移等随荷载变化的对应关系；测定砌体的开裂荷载、极限荷载等。

为了考察荷载偏心距对试件截面受压应力应变的影响，在试件宽度方向两个侧面及偏心方向的一个侧面上粘贴尺寸为 10mm 的胶基应变片以测量不同级别荷载下截面的应变曲线，并通过记录在不同荷载时试件截面上各个测点的应变值，来绘制截面应变曲线以验证平截面假定；采用千分表实现对墙体竖向变形的测量，且每个测点距离试件边缘的距离不小于 50mm；在墙体的中部位置及试件上下端部设置水平方向的位移计以测量平面外侧移，位移计读数自动采集。测点布置方案如图 8-4 所示。

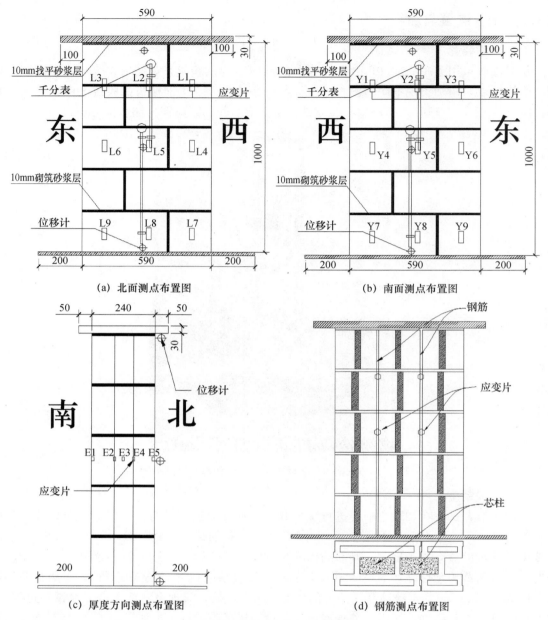

(a) 北面测点布置图   (b) 南面测点布置图

(c) 厚度方向测点布置图   (d) 钢筋测点布置图

图 8-4   测点布置方案

8.1.3 试验结果及分析

(1) 破坏过程及形态

1) KX 组

试件 KX-1：荷载增加到 289kN 时，在北侧顶部率先出现竖向裂缝，裂缝宽度为 0.1mm 左右，长约 15cm，加载至 341kN 时，南侧下部第一条水平灰缝的东侧出现裂缝，砂浆开始剥落；加载至 573.25kN 时，伴随着"啪啪"声，在试件南北两侧下部灰缝处出现严重的砂浆剥落现象；加载至 596kN 时，西侧上部裂缝变宽；荷载加至 596.2kN 时，试验机达到峰值荷载，最终破坏形态如图 8-5（a）所示。

试件 KX-2：裂缝首先出现在试件受压侧顶部，开裂荷载为 268.6kN，裂缝宽度为 0.14mm；之后，裂缝发展进入稳定期，加载到 436kN 时，伴随着一阵劈裂声，靠近受拉一侧的东侧底端出现裂缝；加载到峰值荷载 491.2kN 时，东西两侧上部裂缝贯通，受压侧二、三皮砌块之间的水平灰缝出现大面积砂浆剥落，试件失去承载能力，最终破坏形态如图 8-5（b）所示。

试件 KX-3：第一条裂缝出现在距西侧边缘 3cm 处试件顶部，长 5cm，缝宽 0.26mm，开裂荷载为 188.6kN；之后陆续出现多条裂缝。荷载加至 456.6kN 时，各裂缝形成贯通整个受压侧的竖向长裂缝；荷载至 465kN 时，西侧竖向裂缝已经贯通到上部第二皮砌块下端；加载到 478.8kN 时，试件受压一侧上部出现崩裂，试件整体破坏形态如图 8-5（c）所示。

(a) KX-1　　　　　　(b) KX-2　　　　　　(c) KX-3

图 8-5　试件破坏形态

2）NJ 组

试件 NJ-1：加载之初表面无明显裂缝，此过程持续至荷载加到 341.9kN 时，北侧右上角出现第一条裂缝，长约 10cm；随后，陆续出现多条裂缝，增加到 573kN 时，形成贯通整个试件的竖向裂缝；荷载增至 610kN 时，试件由于北侧外壁的大面积突然崩落而破坏，破坏形态如图 8-6（a）所示。

试件 NJ-2：第一条裂缝出现在受压侧最上部第一皮主块的中线上端，长约 9cm，开裂荷载为 213.2kN；荷载增加到 378.6kN 时，受压侧上部以及中部边缘处出现砌体剥落现象，最上部两皮砌块之间的水平灰缝附近有起鼓现象；荷载增加到 500kN 时，受压侧起鼓的外壁发生脱落现象，受拉侧出现上下贯通的竖向长裂缝，上部第一皮砌块下方灰缝处有水平裂缝出现，当荷载增加到 520kN 时，压力机读数开始大幅度回落，此时对应试件的极限荷载，最终破坏形态如图 8-6（b）所示。

试件 NJ-3：第一条裂缝出现在受压侧上部第一皮辅块顶部，对应开裂荷载为 181.4kN，长约 5cm；荷载增至 348.9kN 时在东侧靠近受拉侧的上端，位于孔腔外壁上出现一条竖向裂缝；荷载增加到 487.3kN 时，试件受压侧裂缝逐渐变宽，并伴随起鼓现象；破坏荷载为 490.1kN 时，受压侧外壁出现大面积崩落现象，随着受压侧砌体外壁的崩落受拉侧上部第一皮砌块有往受压侧倾覆的趋势，最终破坏形态如图 8-6（c）所示。

3）GX 组

试件 GX-1：裂缝最先出现在顶部辅块中部，开裂荷载 593.2kN，呈 70°向下发展到 11cm

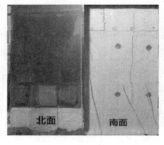

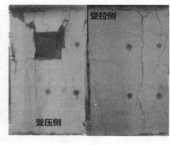
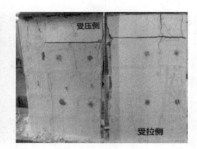

(a) 试件NJ-1	(b) 试件NJ-2	(c) 试件NJ-3

图 8-6 各试件破坏形态

左右，缝宽 0.06mm；当荷载缓慢增加到 1274kN 时，在上部第二皮主块靠近竖向灰缝处出现竖向裂缝，并随着荷载的增加向下发展。到最终破坏时，在上部第二皮砌块的底部砂浆层出现横向裂缝，试件峰值荷载为 1360kN，最终破坏形态如图 8-7（a）所示。

试件 GX-2：荷载加载到 272.6kN 时，第一条竖向斜裂缝出现在试件顶端的主块上，长度约 17cm，裂缝宽度为 0.1mm；荷载继续稳定增加至 730kN 时，伴随着一声响声，外围砌体表面裂缝向下开展到试件中部位置；当增至 775kN 时，受压侧外表面边缘处的裂缝突然形成长裂缝，砌体外壁有脱落趋势，最终破坏形态如图 8-7（b）所示。

试件 GX-3：第一条裂缝出现在西侧面顶部靠近受压侧 4.5cm 左右处，裂缝顶部至找平层，裂缝下段至该皮砌块下方的水平灰缝，距离边缘 3cm 左右，长约 20cm，缝宽 0.15mm，开裂荷载为 163kN；峰值荷载为 553.10kN。试件最终破坏时，受压侧形成贯通上部两皮砌块的竖向裂缝，上部第二皮砌块底部的水平灰缝出现横向裂缝，并出现起鼓现象，第三皮砌块的底部亦出现横向裂缝，试件受压侧的最终破坏状态如图 8-7（c）所示。

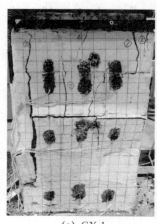

(a) GX-1	(b) GX-2	(c) GX-3

图 8-7 各试件破坏形态

破坏形态对比分析：

比较上述各试件的破坏过程及现象可知，对于 NJ 组，轴心受压试件 NJ-1 的破坏发展到了底部，另外两个偏心受压试件的破坏没有发展到底部，但两试件破坏时最上部砌块都有不同程度往偏心一侧倾覆的现象，相关研究也发现其偏心受压试件的破坏往往始于上部塑性铰的形成，从而打破了截面保持为平面状态而出现明显的弯曲变形；对于 KX 组，试件破坏时上部没有发生明显的倾覆现象，但随着破坏时偏心距的增加，东西两侧裂缝的长度在增加，且水平灰缝的剥落高度变高。两组试件开裂时裂缝往往出现在受压侧，且多因贯通裂缝分隔成不规则小立柱而破坏；试件破坏时均有不同程度的砌体外壁突然崩落现象，表现为脆性破坏。对于 GX 组，试件破坏是由于外围砌体率先破坏导致的，破坏时内部的混凝土芯柱并没有完全贡献其强度，其中轴压情况下的破坏比较充分，裂缝发展到了试件底部，随着偏心距的增加水平灰缝的脱落高度逐渐增加，试件受压侧孔腔的砌体外壁在厚度方向上的竖向裂缝发展深度逐渐降低，但总体来看，灌芯组试件的砌体变形性能优于 NJ 组和 KX 组。

（2）试件变形情况对比分析

1）竖向位移对比

①KX 组与 NJ 组的两侧竖向位移对比分析

图 8-8 是根据 NJ 组试件两侧中线位置上千分表读数绘制，目的是反映试件拉、压侧中部位置在受压过程中竖向位移随荷载的变化情况。分析可知，随着偏心距的增加试件受压侧压缩量逐渐增加，受拉侧压缩量逐渐降低。其中，当偏心距为 0mm 时，对应的试件拉、压两侧压缩量基本相同，皆为 0.3mm 左右；当偏心距为 36mm 时，试件 NJ-2 受压侧压缩量增加 0.04mm 左右，但受拉侧降低了 0.17mm 左右，因此偏心距的增加可以使试件受拉、压两侧的变形值之差逐渐增加，当偏心距继续增加到 72mm 时，试件 NJ-3 受压侧变形较试件 NJ-2 增加了 0.17mm 左右，受拉侧压缩量降低 0.08mm 左右。因此偏心距在一定范围内的增加，可以使受压侧压缩量增加幅度大于受拉一侧压缩量降低幅度。

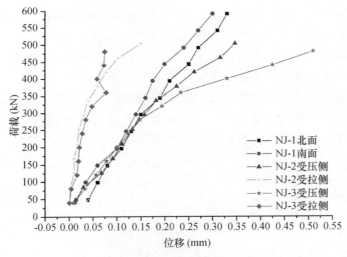

图 8-8　NJ 组拉、压两侧竖向位移对比

图 8-9（a）是根据 KX 组试件拉、压侧中线上下部千分表读数绘制，目的是了解图 8-8 中 NJ 组的结论在 KX 组试件中是否适用。图 8-9（b）是根据 KX 组各试件受压侧两个千分表读数绘制，目的是了解试件在受压过程中不同高度范围内的压缩量变化情况；由于试件 KX-3 上部千分表受压过程中出现滑移，导致数据可靠性降低，因此将其剔除。

由图 8-9（a）可知，偏心距为 0mm 时试件两侧的竖向位移基本相同，两侧差值小于 0.04mm；随着偏心距增加受压一侧竖向位移逐渐增加，受拉一侧竖向位移逐渐降低，两侧差值越来越大；试件 NJ-2 较试件 NJ-1 的变形程度更充分，但随着偏心距的增加，与试件 NJ-2 相比，试件 NJ-3 受压侧比受拉侧分担了更多的荷载，两侧位移差值也更大。

由图 8-9（b）可知，偏心距为 0 时，试件 KX-1 两侧竖向位移基本相同，差值小于

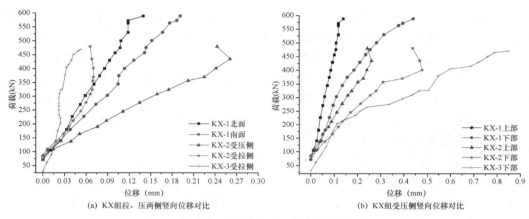

(a) KX组拉、压两侧竖向位移对比　　　　　(b) KX组受压侧竖向位移对比

图 8-9　试件竖向位移的对比分析

0.03mm；随着偏心距增加受压一侧的竖向位移逐渐增加，受拉一侧逐渐降低，两侧位移差值越来越大，与 NJ 组相似。由图 8-9（b）可知，随着偏心距增加，受压一侧的压缩量逐渐增加，但位移的增长速度试件上部明显小于试件下部，试件在受压过程中上部位移始终小于下部。究其原因，主要是因为在受压过程中试件上部的平面外侧移明显大于下部，KX 组不同高度水平灰缝大面积脱落进而导致试件破坏的现象直观证明了上述推论。

②KX 组与 GX 组

实测各试件的"荷载-竖向位移"曲线如图 8-10 所示。竖向位移为试件受压侧中线上标距范围内的竖向相对位移，上部标距为 300mm，下部标距为 450mm。分析可知，KX 组试件受压侧竖向压缩量随偏心距增加而增加，且上部压缩量小于下部，主要是因为在受压过程中试件上部的平面外侧移明显大于下部，不同高度水平灰缝大面积脱落进而导致试件破坏的现象可直观证明上述推论；GX 组砌体受压一侧的竖向位移同样随着偏心距增加而增加，与 KX 组相比所不同的是：GX 组试件受压侧上部压缩量大于下部，试件整体竖向压缩更加充分，这是因为芯柱分担了大部分竖向荷载，降低了下部砌块的竖向应力所致。

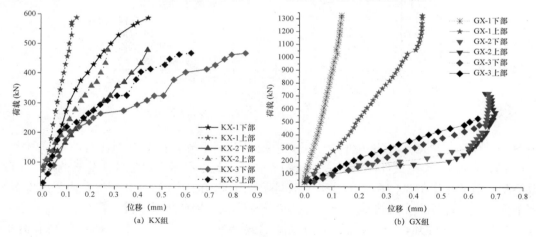

(a) KX组　　　　　　　　　　　(b) GX组

图 8-10　荷载-竖向位移曲线

2）不同高度的应变对比

①KX 组

KX 组各试件的荷载-应变曲线如图 8-11 所示，其中轴心受压试件 KX-1 取自试件的北面，

其余两组均取自试件的受压一侧，编号 1、4、7 分别取自试件上部、中部和下部的应变数据。分析表明：随着偏心距的不断增加，空心组试件的极限承载力逐渐降低，但竖向应变值却逐渐增加，且每个试件上的应变值随着高度的增加而增加。

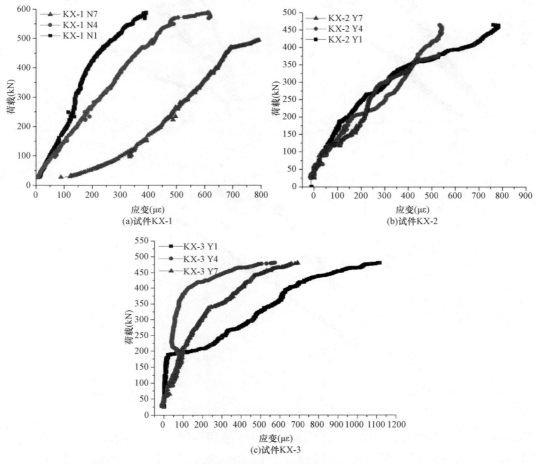

图 8-11　KX 组试件荷载-应变曲线

②GX 组

GX 组各试件的荷载-应变曲线如图 8-12 所示，数据的提取方式与 KX 组相同，分析表明：随着偏心距的不断增加，GX 组试件的极限承载力逐渐降低，与 KX 组类似，竖向应变值逐渐增加，且每个试件上的应变值随着高度上的增加而增加，每个试件不同高度的应变最大值方差随着偏心距的增加依次为 $236\mu\varepsilon^2$、$272\mu\varepsilon^2$、$375\mu\varepsilon^2$，与空心组相比不同高度处应变量最大值的波动较为明显，且应变量最大值也较 KX 组的有所增加。

3）侧向位移对比

各试件的荷载-侧移曲线如图 8-13 所示。分析表明：试件 NJ-1 不同高度处的侧移值均在 0.125mm 之内，为试件高度的万分之一，可作为轴心受压处理；试件 KX-1 不同高度处的侧移值均在 0.04mm 之内，亦可作为轴心受压构件；试件 GX-1 不同高度处的侧移值均小于 0.0505mm，为试件高度的 1/20000，亦可作为轴心受压构件，均满足试验设计要求。三组试件的侧移最大值均伴随偏心距的增加而增加，NJ 组平面外最大侧移值小于 KX 组。当偏心距

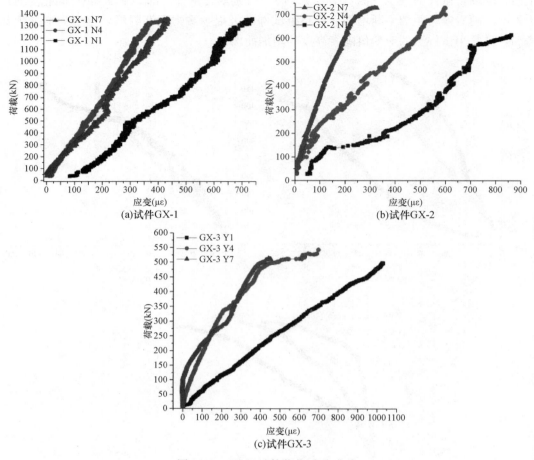

图 8-12 GX 组试件荷载-应变曲线

为 36mm 时，与试件 KX-2 相比，由于内置了秸秆压缩块的试件 NJ-2 出现了起鼓现象导致能量得以释放，顶部位移相对较小；当偏心距为 72mm 时，NJ-3 最大侧移值为 4mm 左右，KX-3 最大侧移值在 4.5mm 左右。GX 组与 KX 组相比，GX 组平面外最大侧移值小于 KX组。当偏心距为 36mm 时，与试件 KX-2 相比，由于试件 GX-2 存在芯柱，增强了试件整体性，顶部位移减小 1.1mm；当偏心距为 72mm 时，GX-3 最大侧移值为 3.2mm，KX-3 最大侧移值为 5.0mm。

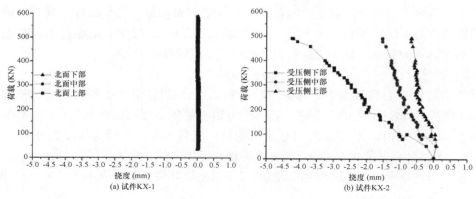

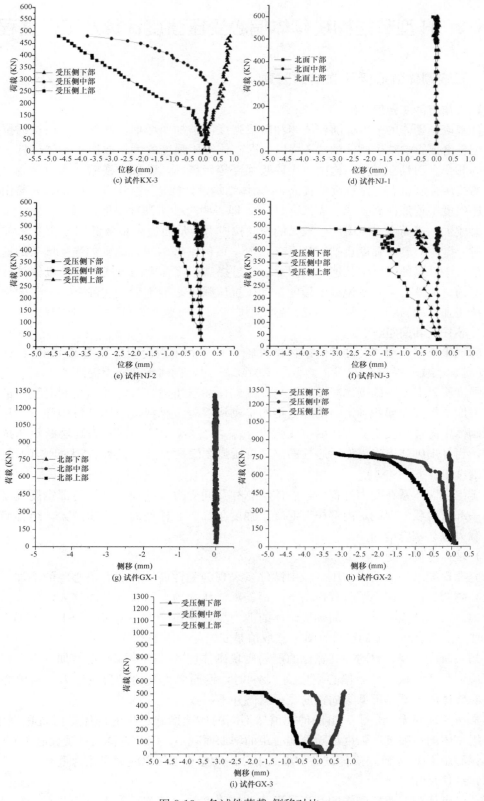

图 8-13　各试件荷载-侧移对比

8.2 H型节能砌块砌体偏心受压强度计算及工作过程

8.2.1 影响砌体偏心受压强度的因素

(1) 块体与砂浆强度

通常来说，砌体的强度会随着块体和砂浆强度的增加而增加，并且单个块材的抗压强度会在一定程度上影响整个砌体的抗压强度，即砌体抗压强度的大小取决于砌体试件中抗压强度最小的那个。而且在砌体结构中所用砂浆强度等级越高，砂浆的横向变形也就越小，从而对砌体的抗压强度也有一定程度的提高，《砌体结构设计规范》（GB 50003-2011）给出了砌体轴心抗压强度平均值计算公式：当 $K_2<1$ 时，即表明当砂浆强度很低，当 $f_2<1MPa$ 时，其变形也会较大，进而会在砖中产生较大的横向拉应力，从而进一步降低砌体强度。当 f_2 趋于无穷大时，砂浆对砌体强度贡献率却只有 $0.78×0.07=5.64\%$，即砌体强度增长的速度实际上远远落后于砂浆的强度增长速度，因此，通过提高砂浆强度的方式来增强砌体试件的强度是不划算的。另外，并不是说砂浆强度对砌体抗压强度影响不大，实际上，砂浆的强度越低对砌体抗压强度的影响越明显，因此，施工中应保证设计强度较低的砂浆质量。

(2) 芯柱及其间距

试验现象表明，灌注芯柱后的砌体试件轴心抗压时承载力明显提高了128%；当偏心率为 0.3y 时，承载力提高 60.1%；当偏心率为 0.6y 时，砌体承载能力提高了56%。当芯柱混凝土的强度明显高于外围砌体时，芯柱与外围砌体的受压破坏其实并不是同时发生的。砌块的抗压强度如果按净面积确定，实际上指的是砌块混凝土材料棱柱体的抗压强度，从理论上说，当砌体中芯柱混凝土立方体的抗压强度 $f_{cu,m}\geqslant f_1/(0.76\alpha)$（$f_1$ 为砌块的块体抗压强度值）时，当外围砌体退出工作后芯柱的单轴抗压强度值是大于外围砌体芯柱承担的压应力的，且仍可继续工作。

由于组合墙体系在受力过程中，墙体与芯柱共同受力共同变形，且内部钢筋混凝土构造会分担一部分荷载。因此，内部构造混凝土强度越高、芯柱截面的面积越大，组合墙体系的竖向承载力也会相应增加。

(3) 轴向力偏心距

研究发现配筋砌体偏心受压试验中试件多表现为脆性破坏，随着偏心距的增加，试件的脆性破坏越明显。小偏心距荷载作用下，钢筋承受压应力；随着荷载的增大，压应力逐渐变为拉应力。根据试验结果，配筋砌块砌体的剪力墙在平面外偏心荷载作用下，当偏心距大于72mm 时，按照无筋砌体的设计计算方法取值是安全的。

据相关研究发现，对同一高宽比的配筋砌块砌体墙片，随着偏心距增加，纵向钢筋所承担的压应力会逐渐减小，当偏心率增到 0.4y 时，钢筋应力开始变为拉应力，当偏心距较小时，其实墙体的上部和下部纵向钢筋受力状态并不一致。

本文研究发现无论是哪一组试件，虽然不同的构造措施产生的砌体极限抗压强度不同，但每一组砌体的极限抗压强度都随着偏心距的增加而减小。因此砌体试件受偏心距影响较大，对不同偏心距下 H 型砌块砌体试件的承载力公式的修正工作也就显得尤为重要。

(4) 试件尺寸

多孔砖砌体与普通砖砌体的开裂强度与破坏强度的比值关系并无显著差别。但对本砌体结构，开裂强度与砌体破坏强度相比，高厚比 β＝3 的砌体较高厚比 β＝5 的砌体要早，约为 0.62，后者约为 0.74；对于各类砌体实测抗压强度均大于实测砂浆强度与砖强度计算出来的理论值；砌体实测的弹性模量往往均大于理论计算值，普通砖砌体的实测弹性模量值为理论值的 1.5～2.0 倍，空心砖砌体的实测弹性模量值为理论弹性模量值的 3～5 倍。

8.2.2　砌块砌体抗压强度工作机理分析

（1）通过表 8-5 中计算得出：对比表明，偏心距为 0mm、36mm、72mm 时，NJ 组较 KX 组的极限承载力分别提高 2.35％、5.91％、2.51％，主要归因于内置秸秆压缩块使砂浆砌筑摊铺时更加便利且灰缝更为饱满，施工质量易于保证，砌块与砂浆之间的粘结力得到增强，偏心距相同时，内置秸秆压缩块会降低偏心受压砌体的开裂系数（N_{cr}/N_{ut}）。经分析是因为在偏压过程中，秸秆压缩块因受到挤压摩擦而对砌体内壁产生水平向的侧压力，导致砌体裂缝提前出现，从而降低了砌体试件的开裂系数。

表 8-5　各试件的开裂荷载与破坏荷载

项目	NJ-1	NJ-2	NJ-3	KX-1	KX-2	KX-3
N_{cr}/kN	341.9	213.2	181.4	291.4	268.6	188.6
N_{ut}/kN	610.7	520.0	490.1	596.2	491.2	478.8
N_{cr}/N_{ut}	55.98％	41.00％	37.01％	48.88％	54.68％	39.39％

（2）通过对表 8-6 中各试件抗压承载力分析可知：对于两组试件，开裂系数基本表现为随着偏心距的增加而降低，但由于试件 KX-2 在砌筑过程中将砂浆填埋到了试件侧孔中，增强了试件强度，因此在一定程度上抑制了砌体的开裂；在偏心距相同的情况下，灌注芯柱对试件承载能力的提高效果显著，但也会降低试件的开裂系数，这是因为芯柱不但分担了外围砌体的一部分竖向力，而且还承受着块体对其的横向压力，这就使得砌体壁处于拉-压状态的不利影响中，导致试件的提前开裂。

表 8-6　各试件的开裂荷载与破坏荷载

试件编号	N_{cr}/kN	N_{ut}/kN	N_{cr}/N_{ut}
GX-1	593.20	1360.50	0.44
GX-2	272.60	786.30	0.35
GX-3	163.00	553.10	0.29
KX-1	291.40	596.20	0.49
KX-2	268.60	491.20	0.55
KX-3	188.60	478.80	0.39

（3）通过 GX 组试验现象可知：芯柱对砌体承载能力的提高影响显著，借鉴已有研究资料的成果，本文认为 H 型砌块灌孔砌体的抗压强度由两部分组成：一部分来自外围砌体的抗压强度贡献，一部分来自芯柱混凝土的抗压强度贡献。通过分析发现，H 型砌块灌孔砌体在受压破坏时，外围砌体要承受内部的芯柱受压产生的张力，使得砌块壁处于双向拉-压的不利状态，砌体壁提前开裂，导致外围砌体抗压强度贡献值小于 KX 组试件的抗压强度。

（4）对比 GX 组与 KX 组中砌体表面不同高度范围内轴向力方向上的相对位移可以发现，KX 组中上部范围内的竖向压缩量小于下部范围内的竖向压缩量，而 GX 组中受压侧不同高度范围内轴向力方向上的相对位移情况为上部范围内的竖向压缩量大于下部范围内的竖向压缩量，分析其原因可知试件的抗压强度中一部分来自芯柱的抗压强度的贡献，上部的竖向荷载在竖向传递过程中将荷载传递给了芯柱，并产生向偏心方向倾覆的趋势，导致上部块体表面的竖向压缩量较 KX 组有较大增加。因此，芯柱的存在，在一定程度上提高了试件的竖向变形性能。

由表 8-6 可知，对于两组试件，开裂系数基本表现为随着偏心距的增加而降低，但由于试件 KX-2 在砌筑过程中将砂浆填埋到了试件侧孔中，增强了试件强度，因此在一定程度上抑制了砌体的开裂；在偏心距相同的情况下，灌注芯柱对试件承载能力的提高效果显著，但也会降低试件的开裂系数，这是因为芯柱不但分担了外围砌体的一部分竖向力，而且还承受着块体对其的横向压力，这就使得砌体壁处于拉-压状态的不利影响中，导致试件提前开裂。

8.2.3 砌块砌体抗压承载力计算

(1) 我国规范中的计算公式

《砌体结构设计规范》（GB 50003—2011）给出的混凝土空心砌块砌体轴心抗压强度平均值计算公式如下：

$$f_m = k_1 f_1^\alpha (1 + 0.07 f_2) k_2 \tag{8-2}$$

式中　f_m——砌体抗压强度（MPa）；

　　　k_1——按规范规定混凝土砌块砌体 k_1 值取 0.46；

　　　α——取值 0.9；

　　　f_1——块材强度等级值；

　　　f_2——砂浆抗压强度平均值，因 $f_2 > 10$MPa，式（8-2）应乘以系数（1.1-0.01f_2）；

　　　k_2——所用砂浆为普通砂浆，取值为 1.0。

《砌体结构设计规范》（GB 50003—2011）中给出的无筋砌体构件平面外受压承载力按照公式（8-3）计算；灌孔砌体平面外偏心受压承载力可按公式（8-4）计算。

$$N_{uc} = \varphi f A \tag{8-3}$$

$$N_{ug} = \varphi f_{g,m} A \tag{8-4}$$

$$f_{g,m} = f_m + 0.63 \alpha f_{c,m} \tag{8-5}$$

式中　N_{uc}——非灌芯试件偏压极限承载力（kN）；

　　　N_{ug}——灌芯试件偏压极限承载力（kN）；

　　　φ——考虑高厚比 β 和轴向力偏心距 e 对受压构件承载力的影响系数；

　　　$f_{g,m}$——灌孔砌体的拉压强度平均值（MPa）；

　　　A——截面面积，按毛截面计算（mm²）；

　　　f_m——空心砌体抗压强度平均值（MPa）；

　　　$f_{c,m}$——灌芯混凝土强度平均值（MPa）；

　　　α——混凝土砌块砌体中灌孔混凝土面积与砌体毛面积的比值。

(2) 非灌孔砌体承载力计算

对于非灌孔砌体的抗压承载力通过公式（8-2）计算，可得到轴心受压状态下的承载力规范计算值，表 8-7 为两个试件轴心抗压强度的试验测试值与规范计算值的对比，可明显看出，试验测试值略大于规范计算值（NJ-1 较 KX-1 安全储备进一步提高），可以直接采用公式（8-2）计算 H 型混凝土夹心秸秆砌块砌体轴心抗压强度。

表 8-7　轴压情况下试验值与规范值的比较

试件编号	试验实测值 f_u/MPa	规范计算值 f_m/MPa	f_u/f_m
NJ-1	8.45	7.95	1.06
KX-1	8.25	7.95	1.04

依据公式（8-3）可得偏心受压状态下的砌体承载力规范计算值，与试验结果对比可知（见表 8-8），规范计算结果偏于保守。本文在规范公式的基础上增加了与偏心率有关的系数，修正后的公式如下：

$$N_{uc}{}^* = \left[1 + k \left(\frac{e}{h} \right)^2 \right] \varphi f A \qquad (8-6)$$

式中　k ——修正系数；

　　　e ——偏心距（mm）；

　　　h ——矩形截面轴向力偏心方向的边长（mm）；

　　　φ ——高厚比 和轴向力的偏心距 e 对受压构件承载力的影响系数；

　　　f ——砌体的抗压强度设计值（N/mm²）；

　　　A ——截面面积（mm²）。

通过对试验数据的回归，确定式（8-6）系数 k 取值 10.5，修正后的计算结果与试验测试值吻合良好，见表 8-8。故建议采用公式（8-6）作为 H 型节能砌块砌体受压极限承载力的计算公式。

表 8-8　试验值与规范值、公式（8-6）修正计算值的比较

试件编号	偏心距	N_{ut}	N_{uc}	$N_{uc}{}^*$	N_{ut}/N_{uc}	$N_{ut}/N_{uc}{}^*$
NJ-1	0mm	610.7	593.9	593.9	1.03	1.03
NJ-2	36mm	520.0	408.3	507.3	1.27	1.03
NJ-3	72mm	490.1	247.5	482.6	1.98	1.02
KX-1	0mm	596.2	593.9	593.9	1.00	1.00
KX-2	36mm	491.2	408.3	507.3	1.20	0.97
KX-3	72mm	478.8	247.5	482.6	1.93	0.99

（3）灌芯砌体承载力计算公式

GX 组试件的实测数据显示芯柱混凝土在受压过程中应变并没有达到峰值应变，参考中欧规范对混凝土非线性结构应力-应变关系曲线出现峰值应变之前的描述，将较为简便的公式列于式（8-7）：

$$\frac{\sigma_c}{f_{cm}} = \frac{k\eta - \eta^2}{1 + (k-2)\eta} \qquad (8-7)$$

式中　$\eta = \varepsilon_c / \varepsilon_{c1}$；

　　ε_c ——混凝土竖向压应变，取钢筋应变；

　　ε_{c1} ——应力达到峰值时的应变，ε_{c1} (0/₀₀) $= 0.7 f_{cm}^{0.31} < 2.8$，取 2.01；

　　　$k = 1.05 E_{cm} \times |\varepsilon_{c1}| / f_{cm}$；

　　E_{cm} ——混凝土受压弹性模量平均值（GPa）；

　　f_{cm} ——混凝土圆柱体抗压强度平均值（MPa）。

各组试件芯柱中钢筋的荷载-应变关系曲线如图 8-14 所示，其中 W、E 分别表示西侧与

东侧；D、U 分别表示下方与上方。

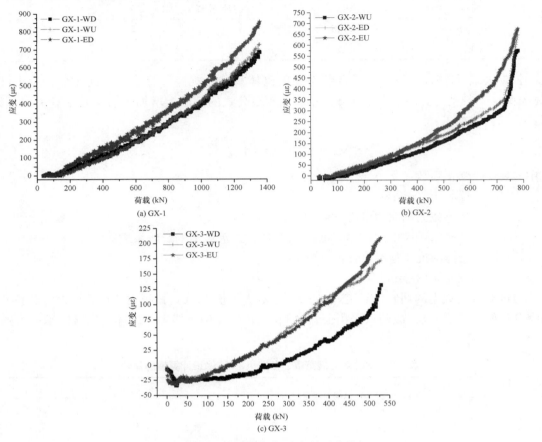

图 8-14　钢筋荷载-应变关系曲线

由图 8-14 可知，轴压情况下，钢筋应变值随着荷载增加而增加；随着偏心距的增加，试件 GX-2 中钢筋开始出现拉应力，这一点在试件 GX-3 中尤为明显，荷载增至 150kN 左右时上部测点表现为受压，增至 260kN 左右时下部测点表现为受压；试件在整个偏压过程中钢筋上部应变值大于下部应变值，且应变差值随着荷载增加先升高后降低。引起上述现象的原因是由于最初的砌体抗压强度由外围砌体贡献，内部芯柱混凝土更多是抵抗外围砌体受压带来的变形，导致钢筋中拉应力的出现，随着荷载的增加外围砌体逐渐退出工作，芯柱尤其是芯柱下部对砌体抗压强度的贡献越来越显著，因此，钢筋的下部测点应力增长会在试验后期逐渐变快。将各灌芯试件破坏时各材料强度贡献情况列于表 8-9。

表 8-9　灌芯试件各材料受压值

试件	N_{ut}/kN	混凝土/kN	钢筋/kN	砌块/kN
GX-1	1360.2	746.4	47.6	566.2
GX-2	786.5	479.9	31.6	275.0
GX-3	553.4	249.6	17.8	286.0

由表 8-9 可知：芯柱对砌体承载能力的提高影响显著，借鉴已有研究资料的成果，本文认为 H 型砌块灌孔砌体的抗压强度由两部分组成：一部分来自外围砌体的抗压强度贡献，一

部分来自芯柱混凝土的抗压强度贡献。通过分析发现，H 型砌块灌孔砌体在受压破坏时，外围砌体要承受内部的芯柱受压产生的张力，使得砌块壁处于双向拉-压的不利状态，砌体壁提前开裂，导致外围砌体抗压强度贡献值小于 KX 组试件的抗压强度。

对灌注芯柱的 H 型节能砌块砌体抗压承载力通过《砌体结构设计规范》（GB 50003—2011）给出的灌孔砌体平面外偏心受压承载力进行计算，由于公式计算值与实测值进行对比发现实测值较小，因此在公式（8-4）基础上增加了一个与偏心率有关的修正系数，通过试验数据的拟合确定了修正系数中的相关数值，整理为 $\lambda = 4.89 \, (e/h - 0.15)^2 + 0.83$，现将实测值、规范值、修正值列于表 8-10。比较可知，实测值小于规范计算值，这是因为：首先，规范只考虑了砌体与灌芯砌体同时破坏的情况，没有考虑芯柱混凝土与外围砌体的强度匹配状况，也就是说，规范的计算公式是按照对砌体强度更有利的状况考虑的；其次，规范计算公式未能充分考虑芯柱、砂浆、块体之间的相互作用以及砌体灌芯率、砌体截面惯性矩对灌芯砌块砌体抗压强度的影响，修正后的计算结果较实测值吻合程度较高。

表 8-10　灌芯试件实测值与计算值对比

编号	实测值 N_{ut}/kN	规范计算值 N_m/kN	规范计算值 $N_m{}^*$/kN	$N_{ut}/N_m{}^*$
GX-1	1360.5	1441.2	1354.7	1.00
GX-2	786.3	951.5	789.7	1.00
GX-3	553.1	576.6	542	1.02

8.3　H 型砌块砌体偏心受压有限元分析

8.3.1　建模基本理论

（1）数值模型

通常来讲，进行有限元模拟时，模型的选择至关重要，一般来讲可分为分离式模型与整体连续式模型，对于分离式模型，采用的情况多为砌块与砂浆分别建模，采用两种处理方式：一是不考虑两种材料间的粘结滑移，通过砌块与砂浆之间接触面的左右节点的自由度进行耦合，第二种方式是考虑二者的粘结滑移情况，二者可以通过接触单元或非线性弹簧单元联系在一起。但是考虑到两者之间的粘结滑移曲线并不成熟，两者接触面的水平黏附强度常常难以实现，因此选用第一种方式进行模拟的情况较为普遍也更具有操作性，如图 8-15 所示。

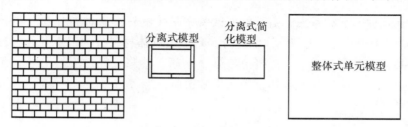

图 8-15　模型建立方法

对于整体连续式模型也就是把砂浆与砌块看作一个整体处理，对于连续体单元的参数获得途径，一般从以下几个渠道得到：第一种是通过物理试验测得；第二种就是按照规范来取值，如果规范中尚没有该方面的规定，则通过已有的本构关系与材料性质取得；第三种方式是通过等效体积单元（RVE），RVE 的数值模拟至关重要的是将砌体材料均质化模拟后得到与砌体性质相同且砌块模拟相同的材料。但是对于前两种，对于信息的确定是以物理试验为前提的，它更能够反映实际，对于最后一种其等效参数的获得是相当繁琐的，需要通过试验获得相关的力学参数，并且推广上也受到了限制。

但总的来说，分离式模型的好处就是可以在一定程度上反映出试件与砌块之间的作用和其破坏机理，但这种模型较多的应用于小型的砌体试验，但建模较为复杂；对于整体连续式模型更适合大规模的试验对象，却没有足够的能力反映出砌体多样化的失效机理与应力的分析。出于能更好地将物理试验与模型契合的原则，本文采用分离式建模，模型相关参数见表 8-11。

表 8-11　正交试验表

参数模型算例	GX-1 试件	GX-2 试件	GX-3 试件	KX-1 试件	KX-2 试件	KX-3 试件
荷载/MPa	39.55	22.86	16.08	17.33	14.28	13.92
偏心距/mm	0	36	72	0	36	72
有无芯柱	有	有	有	无	无	无

在建模过程中，为了能够通过数值模型更好地反映物理试验的结果，在以下几个方面需要重点考虑：

1）裂缝分布：在偏心受压过程中，砌体试件作为一种由砂浆与 H 型节能砌块相粘结的组合体，对于试验中砌体裂缝的出现、发展与延伸直到试件的破坏形态都与普通的混凝土墙体有很大不同，本质上来讲，试件中裂缝的产生和发展主要是因为上部荷载的逐渐增加而产生，也是这个过程中试件内部的芯柱、钢筋以及外围砌体的混凝土砌块、砂浆的内力重分配所致，由此可见，设计好裂缝的参数等对砌体试验过程中破坏形态与模式的产生有着重要影响。

2）本构关系：材料的本构关系即材料的受力过程中的应力-应变关系与准则，这是在微观层面上反映宏观现象的重要因素，是试件内部的内力与砌体强度在非线性关系上的重要体现，但由于砌体结构组成的复杂性及其自身的高度变异性，导致现有的分析方法在分析砌体结构时，计算精度和算法稳定性很难取得满意结果，因此合理准确选择砌块、砂浆、芯柱混凝土的本构关系，既涉及到墙体有限元模拟的精确性，又对其计算收敛性产生直接影响。

3）组材间的接触：H 型节能砌块砌体作为一种组合砌体结构形式，各组成材料之间接触主要包括以下三个方面：首先是块体与砂浆之间的联结，其次是外围砌块与芯柱之间的联结，最后，墙体的压梁与垫梁跟墙体之间也存在联结作用。这些作用都对试件的协同工作性能有较大影响。

通过对以上几种因素的考虑，由于物理试验中采用的标准砌体抗压试件并不属于大规模墙体，因此，本文将 H 型砌块砌体详细拆分，现假设砌体材料分为以下几种：H 型节能空心砌块、灌孔混凝土、混凝土压梁、混凝土垫梁、钢筋、砂浆。经过上述分析，组合后的模型结构适用于模拟小型试验砌体的破坏行为和失效机制。

（2）材料属性

1）弹性模量

对于混凝土空心砌块，其弹性模量的实测数据相对较少，本文采用《砌体结构设计规范》（GB 50003-2011）提供的取值，即 $E_b = 2845 f_1^{0.5}$。

研究发现砂浆的弹性模量亦与其抗压强度（f_2）有关，且随砂浆的抗压强度的提高而提高。经数理统计回归得到砂浆的弹性模量表达式为：$E_m = 1057 f_2^{0.84}$。

混凝土的受压弹性模量 E_c 与混凝土抗压强度标准值 $f_{cu,k}$ 的关系采用：

$$E_c = \frac{10^5}{2.2 + \dfrac{34.7}{f_{cu,k}}} \quad (\text{MPa})$$

钢筋的弹性模量按照《混凝土结构设计规范》（GB 50010—2010）取值为 $2.0 \times 10^5 \, \text{MPa}$。

2）泊松比

考虑到与国家标准《砌体结构设计规范》（GB 50003—2011）相协调，且试验中发现砌块在 $0.4f$ 时受力正常，均未开裂，变形基本处于弹性阶段，所以，对于砌块的弹性模量和泊松比的取值将采取如下经最小二乘法拟合得到的关系式：$v = 0.038 f^{0.5}$，式中 f 为砌块在石膏找平下的强度值。

由于砂浆组成成分的不同，测定的试验方案也存在差异，因此材料离散性较大，国内一些研究采用以下方式计算砂浆的泊松比：$v = \varepsilon_{tr}/\varepsilon$。式中：$\varepsilon$ 为 $\sigma = 0.5\sigma_u$ 时试件轴向应变；ε_{tr} 为对应应力下的试件横向应变。另外一些研究表明，空心砌块砌体的棱柱体轴向应变会在 $0.0012 \sim 0.002$ 的范围内破坏，对应的泊松比为 0.28（相应的轴向应变为 0.0015）。

欧洲规范中规定当没有裂缝时混凝土的泊松比取 0.2，当出现裂缝时泊松比取 0；本文将混凝土的泊松比取为 0.2。

本文中钢筋的泊松比按照相关规范取值为 0.3。

（3）本构关系与单元选取

1）本构关系

砌体的破坏准则是分析砌体结构非线性有限元以及判别砌体是否破坏的重要依据，众所周知，从砌体组成的多样性上决定了它作为一种非均质材料的特点，而灰缝的存在更是决定了其具有明显的方向性，虽然砌体结构在沿不同方向的强度和变形不尽相同，但是，其在单轴应力状态下的受力较为简单，一般直接用砌体轴心抗压、抗拉、抗剪强度作为砌体的破坏准则。因此，结构中砌体的受力是相当复杂的，这就使得建立完整的、准确的砌体破坏准侧具有相当的难度，从而选择适当的破坏模式显得尤为重要。参照课题之前的研究成果，通过改变材料模型参数来模拟砌体的受力状态是目前解决 H 型砌块砌体有限元分析较为有效的解决方法。

建模过程中对试件底部的垫梁、上部压梁以及灌芯混凝土采用弹性本构，砌体采用基于损伤应力的混凝土损伤弹塑性模型，该模型可以用来模拟素混凝土、钢筋混凝土等脆性材料的抗拉-压强度差异以及刚度退化等特性，通过对屈服准则、流动准则、强化准则以及损伤力学的损伤因子的定义来完成砌体损伤塑性模型的描述。

混凝土损伤塑性模型重点包括塑性和损伤两部分，对于塑性部分的本构关系定义通过屈服（受压）应力-非弹性应变关系、开裂（受拉）应力关系-非弹性应变曲线建立，模型中砌块砌体受压过程中的本构关系如下式所示：

当 $\xi \leqslant \xi_0$ 时：

$$\delta / f_m = 1.15 \, (\xi/\xi_0) - 0.15 \, (\xi/\xi_0)^2 \tag{8-8}$$

当 $\xi_0 \leqslant \xi \leqslant 6\xi_0$ 时：

$$\delta / f_m = 1.3/0.2 \, (\xi/\xi_0) \tag{8-9}$$

在弹性阶段，模型中砌块砌体的受压、受拉弹性模量取相同值，当砌体开始出现裂缝即进入塑性阶段，其采用的本构关系变为：

当 $\xi \leqslant \xi_0$ 时：

$$\xi = \sigma / E \tag{8-10}$$

当 $\xi_0 \leqslant \xi \leqslant 6\xi_0$ 时:

$$\delta / f_m = (\xi / \xi_t) / 2 (\xi / \xi_t - 1)^{1.7} + \xi / \xi_t \tag{8-11}$$

式中　ξ_0——混凝土达到峰值应力 f_m 时砌块砌体的峰值应变,取 0.0025;

　　　f_m——砌块墙体抗压强度平均值,依据《砌体结构设计规范》(GB 50003—2011)及抗压强度实测值确定;

　　　δ——应力-应变曲线中某点的应力;

　　　ξ——δ 对应的应变;

　　　ξ_0——峰值应变;

　　　ξ_t——砌体峰值应变。通过由公式获得的名义应力-应变曲线再转化为真实应力-应变曲线,并通过公式转化为屈服应力-非弹性应变曲线。

开裂应力-非弹性应变关系的确定:先前学术界对砌块砌体的受拉本构关系研究较少,根据规范《砌体结构设计规范》(GB 50003—2011)砌块墙体的开裂是由灰缝处砂浆的开裂引起。砌体一旦开裂即进入塑性阶段。

采用的模型受力进入塑性阶段时,基于损伤力学的要求,就要引入损伤因子的概念,既当混凝土应力-应变曲线进入弹塑性段时,弹性模量会有所退化,退化程度通过受拉损伤因子衡量,即通过定义因子 d_t 和受压损伤因子 d_c,对砌体结构中混凝土材料的刚度进行折减,来描述卸载时材料刚度退化等现象。损伤表达式见式(8-12)、式(8-13)。

$$d_t = d_t(\tilde{\varepsilon}_t^{pl}, \theta, f_i); 0 \leqslant d_t \leqslant 1 \tag{8-12}$$

$$d_c = d_c(\tilde{\varepsilon}_c^{pl}, \theta, f_i); 0 \leqslant d_c \leqslant 1 \tag{8-13}$$

式中　　　c、t——压缩和拉伸;

　　　$\dot{\tilde{\varepsilon}}_c^{pl}$、$\dot{\tilde{\varepsilon}}_t^{pl}$——等效塑性压、拉应变速率;

　　　　　　θ——温度;

f_i($i=1$,2……)——其他未知影响变量。

对于钢筋本构关系的选取:芯柱插筋采用 1Φ14,密度取为 7800kg/m³,弹性模量为 2.0×10^5MPa,泊松比取 0.3。当塑性应变为 0 时,对应应力为 300MPa;塑性应变为 0.0025 时,对应应力为 375MPa;屈服准则为 Miss 屈服准则,选用随动强化准则。根据假定,钢材拉、压弹性模量相同,且屈服后弹性模量为 $0.01E_s$,应力-应变关系如图8-16所示。

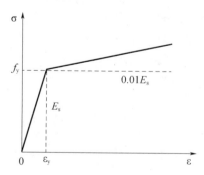

图 8-16　钢材应力-应变曲线

2）单元类型选取

组合块材与压梁、垫梁采用三维八节点非协调单元（C3D8I），非协调单元通过引入应力梯度可有效避免缩减积分单元采用的单点高斯积分引起的沙漏现象，求解精度较高；另外避免沙漏现象的有效方法还包括：合理细化网格、荷载避免使用点荷载等。

（4）收敛分析

采用 ABAQUS 模拟分析时，一般都要经过以下几步：建立几何模型、创建材料属性与界面属性、装配几何部件、设置分析步骤、施加荷载步骤并创建边界条件、划分网格、提交分析文件与后处理方案。收敛分析是其中的重要环节，可通过不同算法控制，主要包括：弧长算法、Raphson 算法、Taylor 算法等，通过合理定义敏感性、收敛速度以及求解稳定性可以得出精度较高且收敛代价较小的方法；另外，网格划分的精细程度同样对求解结果有重要影响。

对于网格的精细化设计通常的做法是采用结构分析或者经验法来预测模拟结果中的高应力场；然后采用 ABAQUS 的前处理功能对该区域进行网格密度的优化处理。值得一提的是，虽然经过提高网格密度后的计算精度提高了，但同样也增大了计算量，拖慢了运行速度，因此，在重点部位合理优化网格密度显得尤为重要，图 8-17 为本文对模型采用的网格划分形式。

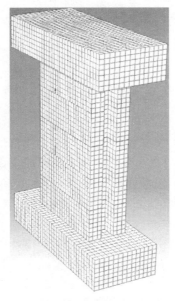

图 8-17　模型墙体网格划分

8.3.2　计算结果与分析

《砌体结构设计规范》（GB 50003—2011）中规定：铰支座的上刀铰件和下铰件的宽度和高度均不宜小于 50mm，长度不应小于砌体偏心抗压试件的厚度或宽度。刀口式铰支座下刀铰件的凹槽深度和上刀铰件凸出长度，均不宜小于 30mm，凹槽尺寸应略大于凸齿尺寸，以刀铰间可自由转动为准。铰件间宜涂抹润滑油。为还原试验中的加载工况，有限元模拟采用在上部压梁上方与试验情况相同的受压面积上对试件施加压力，施加的面积尺寸为 60mm×590mm，如图 8-18 所示，通过压强控制荷载的施加，探究不同偏心距、芯柱因素作用下 H 型砌块砌体受压工作性能和受力机制，记录各试件的最终变形情况，并与实测值对比，如表

8-12 所示，并评价模型的合理性，进而探究芯柱对 H 型砌块砌体受压性能的影响规律。

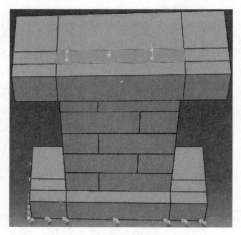

图 8-18　砌体受压模型

表 8-12　试件变形模拟计算值与实测值

试件编号	Δ	Δ*	Δ/Δ*	W	W*	W/W*
KX-1	0.75	0.62	1.21	0/0	0/0	0/0
KX-2	0.73	0.64	1.14	4.2/1.5	4/1.2	1.05/1.25
KX-3	1.4	1.31	1.07	5.1/1.5	4.5/1.1	1.13/1.36
GX-1	0.60	0.62	0.97	0.01/0.02	0.01/0.02	1/1
GX-2	1.28	1.17	1.09	3.4/2.4	3.07/2.33	1.11/1.03
GX-3	1.31	1.28	1.02	2.5/1.5	2.05/1.29	1.21/1.16

由表 8-12 可知：模拟试验中两点间竖向位移差值普遍小于测试值，平面外侧移的模拟值也普遍低于测试值，这是由于在模拟过程中试件由于接触等参数的设计与实测试验有所差异，另外，数值模拟的边界条件与物理试验的边界条件有差异，在一定程度上强化了试件整体性，因此模拟值会稍小于测试值。

上述分析表明：各试件的测试值与计算值的误差均值在 8% 以内，所采用的数值分析模型与材料本构，可较好模拟芯柱对砌体受压性能的影响。

（1）砌体应力分布情况

为详细分析各试件的工作过程，现提取 9 种工况下的砌体应力云图，并对每一种工况下的应力分布情况作出分析。

从试件正面的主应力分布云图来看，试件两侧边角处的应力分布相对其他部位更明显，因此可以判定砌体的应力分布情况大致是在试件的宽度方向上由两侧向内发展，通过图 8-7（a）也可以印证以上观点。

对于模拟试件块体与砂浆的接触界面的应力分布情况，由图 8-19（a）可以看出，在 KX 组试件轴心受压情况下，块材与砂浆在内侧边角的竖向灰缝处应力较为集中，因此可以看出，裂缝在竖向灰缝处的发展较为明显，由图 8-19（b）中半角砌块周边的应力分布情况可以直观的证明上述观点。从试件的主应力分布云图来看，试件最终破坏时应力达到 14MPa，由图 8-19（c）可以看出，试件在受拉、压两侧的主应力表现为全截面受压，而且与轴压情况类似，应力的发展同样是由两侧向中间发展。

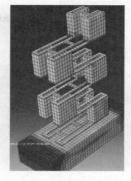
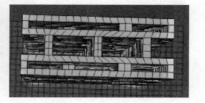

(a) KX-1 正面　　　　(b) 块体接触界面应力云图　　　(c) 砂浆接触界面应力云图

图 8-19　模型 KX-1 应力云图

对于模拟试件块体与砂浆接触界面的应力分布情况，由图 8-20（a）可以看出，与轴压情况类似，试件 KX-2 在受压情况下，块材与砂浆在内侧边角的竖向灰缝处应力较明显，因此，砂浆的破坏最先发生。

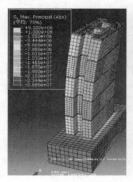

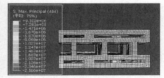

(a) KX-2 受压侧应力云图　　(b) 块体接触界面应力云图　　(c) 砂浆接触界面应力云图

图 8-20　模型 KX-2 应力云图

随着偏心距增加，偏心承载力骤然降低，但试件 KX-3 表面的应力分布情况同之前两个试件类似，由图 8-21（a）可以看出，砌体上下两端的应力较小，这是因为压梁与垫梁对模型中应力的发展起到了一定的约束作用，同样的，竖向灰缝处应力较为集中且中上部附近的水平灰缝由于应力较为集中而率先发生破坏。由图 8-21（a）还可以看出，块材与砂浆的接触界面上在竖向灰缝位置的应力较为集中；由图 8-21（b）可以看出，对于试件 KX-3 而言，内部块体与侧孔相连的肋附近应力较大，这是因为肋的存在承担了应力的传递功能，也承担了较大的拉应力，因此，此处的材料率先损坏。

由图 8-22（a）可以看出，与 KX 组相比，GX-1 芯柱对砌体强度贡献较大；由图 8-22（b）可以看出，试件两端的芯柱应力都表现出了较大应力，底部砌体表面的应力相对增加较快；由图 8-22（c）可以看出，应力在内部分布较大，由内往外应力逐渐降低，中间的肋受到了较大压力，其次是芯柱，最后是外围砌体，这是由于内部混凝土强度较高导致的。

随着偏心距的增加，砌体承载力有所降低，但从砌体表面的应力分布来看破坏依然开始于试件两侧。由图 8-23（a）可知，受压侧应力在试件上部边角处应力较大，且发展到了下部

  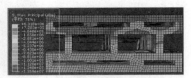

(a) KX-3受压侧应力云图　　　(b) 接触界面应力云图　　　(c) 砂浆接触界面应力云图

图 8-21　模型 KX-3 应力云图

  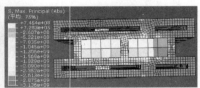

(a) GX-1受压侧应力云图　　(b) 块体接触界面应力云图　　(c) 砂浆接触界面应力云图

图 8-22　模型 GX-1 应力云图

第二皮砌块处，与实际破坏十分相似；与试件 KX-2 相比，块材与砂浆在接触面上竖向灰缝处应力有所降低，这是由于内部芯柱的存在分担了一部分应力所致，由图 8-23（c）可知，试件最终的破坏在受拉-压两侧表现为全截面受压。

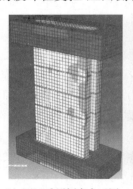 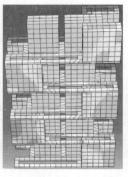 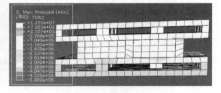

(a) GX-2受压侧应力云图　　(b) 块体接触界面应力云图　　(c) 砂浆接触界面应力云图

图 8-23　模型 GX-2 应力云图

对于试件 GX-3，由图 8-24（a）可知，在试件受压一侧上部应力较大，且通过图 8-24（b）可知，在竖向灰缝处的块材与砂浆接触面上的应力比试件 GX-2 更小，究其原因，是由于芯柱的存在改善了砌体的受压变形性能，通过图 8-24（c）可以看出，试件界面上受拉一侧的拉应力达到 0.3MPa，受压一侧压应力达到 11MPa。

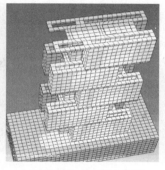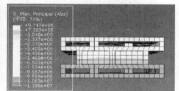

(a) 受压侧应力云图　　　　(b) 块体接触界面应力云图　　　　(c) 砂浆接触界面应力云图

图 8-24　模型 GX-3 应力云图

（2）砌体开裂与分离的对比

由上述分析可知，随着偏心距增加 KX 组与 GX 组试件的裂缝开展部位、开展程度都有所不同，现将模拟情况对比如图 8-25 所示。

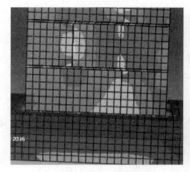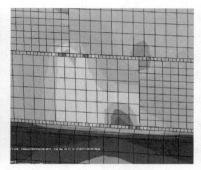

(a) 试件 KX-1 开裂图　　　　　　　(b) 试件 GX-1 开裂图

图 8-25　模型应力云图对比（一）

如图 8-26 所示，在轴压情况下，无论是空心试件还是灌芯试件，比较明显的裂缝大都出现在试件底部或底部砌块的上部水平灰缝处。随着偏心距增加，水平裂缝的开裂高度也逐渐升高，相比于试件 KX-2，试件 GX-2 的开裂高度较高，经过 10 倍的变形处理后才能分辨裂缝开裂后的接触界面。因此，虽然其开裂高度较高，但裂缝开裂程度却较小。

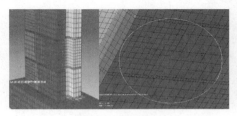

(a) 试件 KX-2 开裂图　　　　　　　(b) 试件 GX-2 开裂图

图 8-26　模型应力云图对比（二）

当偏心率为 72mm 时，KX 组试件在破坏时压梁与顶部砂浆界面之间产生开裂，如图 8-27 （a）所示；相比之下由于芯柱的存在，试件 GX-3 在此处却没有开裂，裂缝的开裂高度相对较低，如图 8-27 （b）所示。

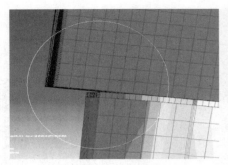 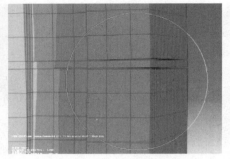

(a) 试件KX-3开裂图　　　　　　　(b) 试件GX-3开裂图

图 8-27 ．模型应力云图对比（三）

（3）芯柱对砌体变形性能的影响

以下为各试件有限元模型的应力云图与其所对应的试件实际破坏图。

图 8-28 与图 8-29 显示：无论是试件 KX-1 还是试件 GX-1，两试件的应力分布在边角处最大，试件破坏也都开始于试件边角处的损坏，且竖向灰缝处应力也都较为集中；试件 KX-2 应力多集中在砂浆层，尤其是下部二、三皮砌块之间，对于试件 GX-2，与轴压情况类似，试件破坏开始于两侧边角处，宽度方向上中部的应力相对较小；随着偏心距增加，试件 KX-3 中砌体厚度方向上裂缝发展到了试件下部，试件 GX-3 中芯柱对承载力的强化作用更加明显，但损伤依然率先出现在外围砌体竖向灰缝处。

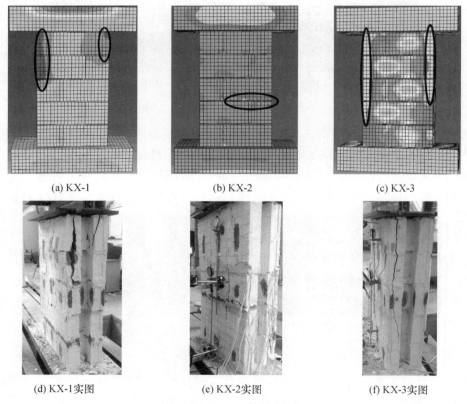

(a) KX-1　　　　　　(b) KX-2　　　　　　(c) KX-3

(d) KX-1实图　　　　　(e) KX-2实图　　　　　(f) KX-3实图

图 8-28　KX组应力云图与实物图对比

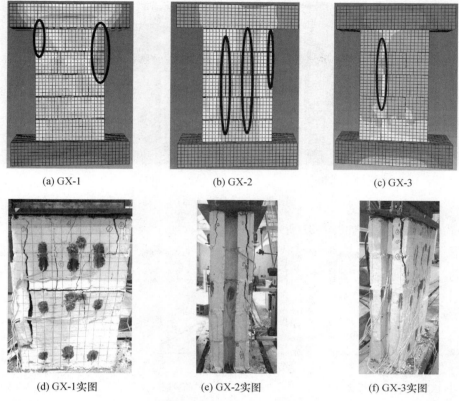

(a) GX-1　　　　　　　(b) GX-2　　　　　　　(c) GX-3

(d) GX-1实图　　　　　(e) GX-2实图　　　　　(f) GX-3实图

图 8-29　GX 组应力云图与实物图对比

　　通过以上现象可以看出，外围砌体中的竖向压应力传递往往呈现"由远及近"、"从外到内"、"从上往下"的规律，也说明了内置芯柱可以在一定程度上增强组合砌体整体性，使试件变形更充分。

（4）芯柱的工作机理分析

　　以试件 GX-3 为例，开展灌芯试件中芯柱受压、受拉侧应力云图的对比分析。由图 8-30（a）可知，芯柱受拉侧上部以拉应力为主，下部逐渐变为压应力，这是因为试件受偏心荷载使砌体发生平面外弯曲所致；图 8-30（b）显示芯柱受压侧竖向全部为压应力，根据实测砌体的破坏现象来看，当芯柱强度明显大于外围砌体强度时，该砌体试件的受压破坏其实不是同时发生的。从试件的破坏状态并借鉴相关文献来看，当砌块的抗压强度是由净面积确定时，体现的是砌块材料棱柱体的强度值，因此在计算芯柱混凝土强度时，标准条件下的测试值 $f_{cu,m} \geqslant f_1 / (0.76\alpha)$（$f_1$ 为块体的强度值）时，砌体混凝土砌块在达到破坏荷载时会失去承载能力，但由于芯柱在单轴受压时的强度是大于块体的破坏荷载强度的，所以芯柱仍然可以承担一部分压应力而继续工作。

8.3.3　公式验证与高宽比

　　基于建立的有限元模型，在数值模型基础上通过改变荷载偏心距得出模型对应的承载力值，并利用建立的灌芯试件与非灌芯试件单向偏心受压承载力计算公式对得到的模拟数据进行对比，验证公式可靠性；利用数值模型拓展分析了 H 型砌块砌体在不同高宽比下的承载力

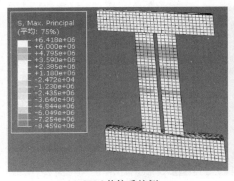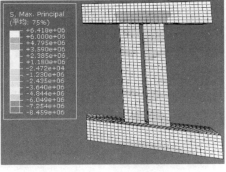

(a) GX-3芯柱受拉侧　　　　　　　　　　　　(b) GX-3芯柱受压侧

图 8-30　芯柱应力云图

曲线，公式验证与高宽比如图 8-31 所示。

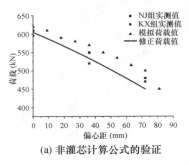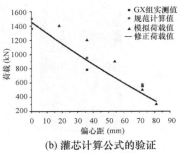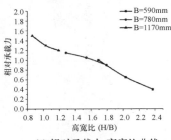

(a) 非灌芯计算公式的验证　　　　(b) 灌芯计算公式的验证　　　　(c) 相对承载力-高宽比曲线

图 8-31　公式验证与高宽比

对比可知，当偏心距小于 70mm 时，灌芯与非灌芯试件模拟计算的承载力结果稍大于公式计算结果，当偏心距大于 70mm 时，灌芯组模拟计算的承载力结果小于公式的计算结果，但与试验实测值相比，偏心率与承载力在安全区间内近似满足三次函数关系，相关系数分别为 0.94、0.98，置信概率皆小于 1.2×10^{-4}，拟合效果显著，两组公式的计算结果更接近实测结果，可靠度相对更高。考虑到公式的局限性（不能反映出高宽比因素对承载能力的影响），数值模拟的相对承载力-高宽比曲线显示随着高宽比的增加，相对承载力逐渐降低，当高宽比大于 1.8 时，相对承载力下降的速度较高宽比小于 1.8 时要明显加快，可为后续研究提供借鉴。

第9章 节能承重砌块砌体抗剪性能研究

9.1 试验设计

9.1.1 试验方案

主要考虑秸秆压缩块、灌孔混凝土两个因素，设计抗剪试件3组，每组6个，分别为KX系列（未灌芯、未内置秸秆压缩块）、NJ系列（未灌芯、内置秸秆压缩块）、GX系列（灌芯、内置秸秆压缩块），抗剪试件基本情况见表9-1，抗剪试件横截面示意图如图9-1所示。

通过对三组试件开展抗剪性能试验研究，对比分析三组砌体的破坏特征、开裂荷载及极限荷载，总结砌体抗剪强度影响因素及剪切破坏机理；对试验值进行回归分析，对抗剪强度公式进行回归分析，为工程实践提出建议，指导工程应用。

表 9-1 抗剪试件基本情况

组别	编号	数量	砌块强度	砂浆强度	灌孔混凝土强度	秸秆块放置
第一组	KX	6	MU10	Mb7.5	/	否
第二组	NJ	6	MU10	Mb7.5	/	是
第三组	GX	6	MU10	Mb7.5	C25	否

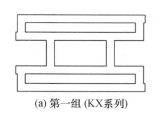 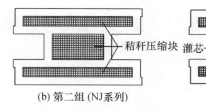 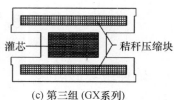

(a) 第一组 (KX系列)　　　　(b) 第二组 (NJ系列)　　　　(c) 第三组 (GX系列)

图 9-1 抗剪试件横截面示意图

9.1.2 试件制作与加载

抗剪试件采用三皮砌块砌体形式，试件制作过程严格按照《砌体基本力学性能试验方法标准》（GB/T 50129—2011）及《混凝土小型空心砌块建筑技术规程》（JGJ/T 14—2004）进行。砌筑试件时，竖向灰缝的砂浆应填塞饱满，试件砌筑完毕后覆盖塑料薄膜等材料予以保湿养护。其平整度采用水平尺和直角尺检查。砌筑试件每一批次均在同一时段内完成。试件砌筑完毕时，在顶部放置一皮砌块，平压时间不少于14d。并将构件的受剪承压面用1:3砌筑砂浆找平，保证加载时试件的上下面互相平行，试件尺寸及加载示意图如图9-2所示。

抗剪试件采用上海申克机械有限公司生产的电液式万能试验机加载，型号 WA-1000B，最大试验力 1000kN，示值准确度 1 级。加载过程按照《砌体基本力学性能试验方法标准》（GB/T 50129-2011）相关规定进行，试验时将试件翻转 90°放置在试验机承压板上，试件的

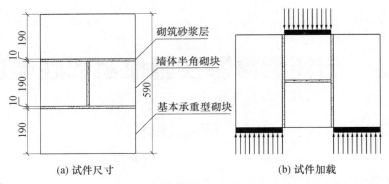

图 9-2　试件尺寸及加载示意图

中心线与试验机轴线重合；试验采用匀速连续加荷方法，避免冲击，试件按照在 1～3min 内破坏进行控制，当有一个受剪面被剪坏即认为试件破坏。若块体先于受剪面灰缝破坏时，该试件的试验值应予以注明，宜作为特殊情况单独分析。对抗剪试验结果进行分析时，应考虑砂浆饱满度对试验结果的影响。基本试验步骤如下：

1）测量受剪面尺寸，测量精度应为 1mm。

2）将砌块砌体抗剪试件立放在试验机下压板上，试件的中心线应与试验机上、下压板轴线重合。试验机上下压板与试件的接触应"密合"，当上部不"密合"时，可垫 10mm 厚木条或较硬橡胶条；当下部不"密合"时，可采用在两个受力面下垫湿砂等适宜的调平措施。

3）抗剪试验应采用匀速连续加荷方法，应避免冲击。加荷速度宜按试件在 1～3min 内破坏进行控制。当有一个受剪面被剪坏即认为试件破坏，应记录破坏荷载值和试件破坏特征。

4）对每个试件，均应实测受剪破坏面的砂浆饱满度。

9.2　试验结果与分析

9.2.1　试件破坏形态

（1）KX 系列

KX 系列为未灌芯未内置秸秆压缩块砌体组，该组破坏形态主要有两种（图 9-3），分别为沿水平通缝（即水平砌筑砂浆层）破坏的单面破坏和双面破坏，并且以双面破坏居多，但均表现出明显的脆性特征，在试体加载过程中从灰缝开裂至完全破坏脱离，整个破坏过程时间持续较短，在水平灰缝开裂之后即刻脱离，由于不能继续承受抗剪承载力被剪坏，最终破坏形态表现出灰缝齿形破坏特征。

（2）GX 系列

GX 系列自开始加载至最终完全破坏过程可分为两个阶段，包括水平灰缝承荷阶段和混凝土芯柱承荷阶段。第一阶段（即水平灰缝承荷阶段）：最先开裂为上下层灰缝处几乎同时出现开裂，继续缓慢加载，可逐渐观察到水平灰缝和砌块发生分离，水平灰缝随之退出工作且不能继续承担荷载；第二阶段（即混凝土芯柱承荷阶段）：在随后的加载过程中，混凝土芯柱承担主要的荷载，加载时间明显延长，直至达到极限抗剪荷载，芯柱被完全剪断，试件完全破坏。

灌芯且内置秸秆压缩块砌体组破坏模式分为两种，即双剪破坏和单剪破坏。

图 9-3　KX 系列砌块砌体破坏形态

双剪破坏（图 9-4）：在加载过程，两条水平灰缝处几乎同时开裂，随着持续加荷，水平灰缝退出工作，之后双缝伴随"噼啪"开裂声响同时被剪坏而脱落，中皮砌块从试件中脱落，发生双剪破坏。

单剪破坏（图 9-5）：破坏方式主要有两类，分别为沿水平上灰缝被剪断和沿水平下灰缝被剪断两种；两类所占比例相当，其中小部分试件的加载面被压碎，在发生单剪破坏之后，未被剪断灰缝处表观完整，仍可继续承担荷载。

图 9-4　GX 系列砌体双剪破坏形态图

图 9-5　GX 系列砌体单剪破坏形态图

（3）NJ 系列

NJ 系列为未灌芯放置秸秆压缩块砌体，其破坏形态（图 9-6）与未灌芯未放置秸秆压缩块砌体破坏形态相似，破坏过程表现出明显的脆性特征，但相比后者而言，发生单面破坏的砌块砌体数量有所增加，砌体破坏后的断裂面相比未放置秸秆压缩块砌块砌体较平整，但未能形成明显的销键，销栓作用并不明显。

图 9-6　NJ 系列砌体破坏形态图

9.2.2　破坏过程分析

三组试件的破坏形态有明显相似之处,加载过程中砌体外壁均没有明显的开裂及裂纹发展,破坏形式有单面破坏和双面破坏两种,且大部分为双面破坏,但又有不同之处。其中,KX系列(未灌芯、未内置秸秆压缩块)、NJ系列(未灌芯、内置秸秆压缩块)从灰缝开裂到试件完全破坏,承受荷载几乎不增加,表现出明显的脆性破坏特征,破坏是瞬间出现的,且具有突然性,这主要是因为砌块砌体的抗剪强度主要由受剪面即水平灰缝提供,水平灰缝的厚度比较薄,砌体灰缝开裂后试件抗剪承载能力迅速下降,砌块与灰缝脱离,试件即刻破坏。但后者相比前者,加载时间有所延长,分析其原因是内置秸秆压缩块增加了受剪面的面积,延缓了剪切破坏,提高了砌体的抗剪承载力。

而GX系列(灌芯且内置秸秆压缩块)在试验加载过程中,其破坏过程表现出良好的延性,这点也可从表9-5中初裂荷载与破坏荷载的比值P_{cr}/P_u的平均值为0.804看出。破坏过程中,灰缝处首先开裂,逐渐可观察到灰缝和砌块发生分离,灰缝随之退出工作,继而芯柱承担主要荷载,随着继续加载,最终达到极限荷载,芯柱被剪断,砌块脱落,试件完全被剪坏。

9.3　影响因素与工作机理分析

9.3.1　砌块砌体抗剪强度的影响因素

(1) 砌块和砂浆强度

当砌块砌体截面上有垂直压力时,根据灰缝与竖直方向角度大小的不同,而产生不同的剪切破坏形态。具体如下:当通缝与竖直方向的角度处于45°以内时,出现剪摩破坏现象,表现为发生剪切面剪切滑移的破坏特征;当通缝与竖直方向的角度处于45°与60°之间时,出现剪压破坏现象,表现为阶梯形齿缝的破坏特征;当通缝与竖直方向的角度大于60°时,出现斜拉破坏现象,表现为沿垂直压力方向发生明显破坏。

若砌块砌体表现为前两种破坏形态即剪摩破坏和剪压破坏时,此时砌块强度等级的提高对于提高砌块砌体的抗剪强度影响甚微,尤其当砌块强度等级低于砂浆强度等级时;若砌块砌体表现为第三种破坏形态即斜拉破坏时,由于沿着垂直压力方向开裂并发生破坏,砌块强度等级的提高对于提高其抗剪强度的影响显著。

而砂浆的种类和强度等级均对砌块砌体抗剪强度产生影响:首先,不同种类的砂浆对于砌体抗剪强度会产生不同的影响,现阶段砌筑砂浆的种类主要有水泥砂浆、水泥混合砂浆等;其次,砂浆的强度等级对以上三种剪切破坏形态均有不同程度的影响,尤其在前两种即剪摩破坏形态和剪压破坏形态时产生的影响程度较大。我国规范中抗剪强度的计算主要考虑砂浆强度影响,而不考虑砌块强度的影响。

(2) 垂直压应力

综合国内外砌块砌体相关研究表明,垂直压应力是对砌块砌体抗剪强度产生影响的一个重要因素,因为垂直压应力的大小和变化将直接影响砌块砌体三种不同破坏形态的产生和演变。当出现剪摩破坏模式时,水平灰缝发生较大的剪切变形,若剪切破坏面上仍存在垂直压应力,此时垂直压应力将作为一种减小和延迟继续发生破坏的有利因素存在,此时垂直压应力增大,将提高砌块砌体抗剪强度,研究表明此阶段垂直压应力与抗剪强度呈正比关系;垂直压应力继续增大，剪摩破坏强度逐渐大于剪切面上的平均主拉应力强度，此时砌块砌体主拉应力强度不足以维持现状，进而演化为剪压破坏模式；垂直压应力进一步增大，砌块砌体将沿着垂直压应力方向产生裂缝开展，此阶段的垂直压应力对抗剪强度起到消极作用，将加速砌块砌体发生破坏，转化为斜压破坏模式，由于压应力产生受压破坏而结束。

（3）施工质量

由于砌体的施工存在较大量的人工操作过程，所以砌体结构的质量也在很大程度上取决于人的因素，施工过程对砌体结构的影响直接表现在砌体的强度上，砌体工程的质量很难得到有效地控制和规范管理。此外，还有一些工程管理人员对砌体工程规范中的具体要求、规定、控制重点理解不深，学习不够全面，习惯于一些陈旧的经验和过时的做法，都影响着砌体工程整体质量的提高。《砌体工程施工质量验收规范》中规定：砌块砌体组砌方法应正确，上、下错缝，内外搭接，小砌块墙体应对孔错缝搭接，搭接长度不应小于 90mm，而砌体中垂直通缝较多、搭砌压槎较少时，砌体的抗剪强度有较大幅度的降低。此外砂浆的饱满度对砌体抗剪强度也有重要影响，砌块缝中砂浆的平整、密实、均匀饱满能显著影响砌体的强度，事实上砌体内水平灰缝的厚度和密度是极不均匀的，每块砖几乎是无规律地承受着自上而下不同的荷载作用，这些荷载在砌体内部引起压应力、剪应力等对墙体更容易造成损坏。

（4）销栓作用

对于混凝土空心砌块砌体来说，销键存在，增强了水平灰缝面的抗剪强度，从而使得砌体的纯剪强度有所提高。因此，销栓作用对提高砌块砌体抗剪强度有利。其中销栓作用的强弱主要与销键的形成有关，而销栓的形成主要由砌筑砂浆的稠度和砌筑方式决定。适宜的砌筑砂浆稠度和砌筑过程中砌块壁肋的挤压会形成良好的销键，从而对砌块砌体抗剪强度的提高有显著效果。

（5）其他因素

除上述影响因素以外，对于混凝土砌块砌体抗剪能力试验研究来说，还与试验方法及方案、实验设备及装置、块体大小及尺寸、试验加载制度等因素有不同关系，因此这些次要因素会对试验测得的混凝土砌块砌体抗剪强度产生不同程度的影响。其中，相关研究表明，不同的加载方式会对沿通缝剪切破坏砌块砌体的破坏形态产生不同的影响，而且加载方式不同并没有消除正应力对最终纯剪试验结果的影响。

9.3.2 砌块砌体抗剪机理分析

1）通过对砌块砌体试件抗剪性能的计算（见表（9-3）至表（9-5）），得出各组砌块砌体的平均抗剪强度分别为 0.173MPa（KX 系列）＜0.191MPa（NJ 系列）＜0.852MPa（GX 系列），呈现递增的趋势，即灌注芯柱并内置秸秆压缩块砌块砌体试件的抗剪强度高于灌注芯柱但未内置秸秆压缩块砌块砌体试件的抗剪强度，未内置秸秆压缩块砌块砌体试件的抗剪强度高于未灌芯未内置秸秆压缩块砌块砌体试件的抗剪强度，说明灌注芯柱和内置秸秆压缩块可有效提高抗剪性能。

2）由表 9-3 及表 9-4 可得试验实测抗剪强度平均值分别为 0.173MPa（KX 系列）、0.191MPa（NJ 系列），内置秸秆压缩块后的砌体抗剪强度提高约 10.4%，说明内置秸秆压缩块可一定程度上提高砌体抗剪强度。分析其原因主要是因为内置秸秆压缩块使得受剪面接触面积较空心砌块砌体大大增加，致使在砌筑过程中灰缝的饱满度和厚度得到有效保证即砌筑质量得到保障，并且秸秆压缩块处也可以相对粘结，形成的灰缝处对周围的砂浆得以约束，从而使得砌体的抗剪强度得以提高。

3）内置秸秆压缩块之后，抗剪强度虽有所增强但并没有大幅提高，分析原因是因为秸秆压缩块是一种纤维复合材料，弹性模量较小，与砂浆并没有良好的粘结性，致使砌块和砂浆的有效接触面积主要还是由砌块壁肋提供，即砌块与砂浆之间的切向黏合力与砌块和砂浆之间的有效黏合面积呈正比，砂浆强度一定，砌块与砂浆黏合有效黏合面越大，则切向黏合力也越大。

4）由表9-4及表9-5可得，试验实测抗剪强度平均值分别为0.191MPa（NJ系列）、0.852MPa（GX系列），GX系列相对NJ系列抗剪强度提高约3.46倍，说明内置秸秆压缩块并灌芯后可明显提高抗剪强度，这是因为灌注芯柱后抗剪强度主要由芯柱提供，而水平灰缝的抗剪强度相对芯柱而言较弱，这也是GX系列表现出良好延性的原因，水平灰缝开裂后，芯柱继续承担荷载直至芯柱被完全剪断。

9.4 抗剪强度计算

9.4.1 砌块砌体抗剪强度理论模型与公式

（1）砌体抗剪强度理论模型

在现行砌体抗剪强度研究中，主要存在两种理论模型，分别为主拉应力破坏理论和库伦破坏理论。如图9-7所示为抗剪示意图。

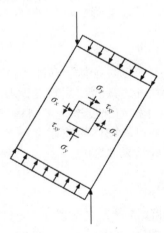

图9-7 砌体抗剪示意图

1）主拉应力破坏理论

早在1882年，Mohr最先提出了对于二维或三维应力作用下，斜截面上材料的摩尔应力圆图解法。而对于砌体这种复合材料，应用摩尔应力圆图解法，得到主拉应力 σ_1 为：

$$\sigma_1 = \frac{-(\sigma_x + \sigma_y)}{2} + \sqrt{(\frac{\sigma_x - \sigma_y}{2})^2 + \tau_{xy}^2} \tag{9-1}$$

当忽略 σ_x 影响时，即 $\sigma_x = 0$ 时，

$$\sigma_1 = -\frac{\sigma_y}{2} + \sqrt{(\frac{\sigma_y}{2})^2 + \tau_{xy}^2} \tag{9-2}$$

20 世纪 60 年代，Turnseck 以及 Frocht 等提出砌体的剪切破坏是由于主拉应力超过抗主拉应力（抗剪强度 f_{v0}）而被拉坏。因此此时

$$\sigma_1 = -\frac{\sigma_y}{2} + \sqrt{\left(\frac{\sigma_y}{2}\right)^2 + \tau_{xy}{}^2} \le f_{v0} \tag{9-3}$$

上式经变换后可得

$$\tau_{xy} \le f_{v0}\sqrt{1 + \frac{\sigma_y}{f_{v0}}} \tag{9-4}$$

综上所述，砌体的抗剪强度的表达式可统一为

$$f_v = f_{v0}\sqrt{1 + \frac{\sigma_y}{f_{v0}}} \tag{9-5}$$

式中　f_v——有垂直压应力 σ_y 时的砌体抗剪强度（MPa）；

　　　f_{v0}——无垂直压应力 σ_y 时的砌体纯剪强度（MPa）。

2）摩尔-库仑破坏理论

1773 年，Coulomb 首先在土压力的计算研究中提出。而后 20 世纪 60 年代 Sinha 和 Hendry 引用库仑理论确定了砌体的抗剪强度。其抗剪强度按式（9-6）计算：

$$f_v = 0.3 + 0.5\sigma_y \tag{9-6}$$

由上式可得到其一般表达式：

$$f_v = f_{v0} + \mu\sigma_y \tag{9-7}$$

式中　μ——砌体的摩擦系数 i

　　　f_v——有垂直压应力 σ_y 时的砌体抗剪强度（MPa）；

　　　f_{v0}——无垂直压应力 σ_y 时的砌体纯剪强度（MPa）。

（2）我国规范中的计算公式

1）根据《砌体基本力学性能试验方法标准》（GB/T 50129-2011）中沿通缝截面抗剪强度试验方法的规定，单个试件沿通缝截面的抗剪强度 $f_{v,i}$，应按公式（9-8）计算，其计算结果取值应精确到 0.01N/mm^2：

$$f_{v,i} = \frac{N_V}{2A} \tag{9-8}$$

式中　$f_{v,i}$——试件沿通缝截面的抗剪强度（N/mm²）；

　　　N_V——试件的抗剪破坏荷载值（N）；

　　　A——试件的一个受剪面的面积（mm²）。

2）根据《砌体结构设计规范》（GB 50003-2011）中关于各类砌体强度平均值的计算公式和强度标准值的相关规定，各类砌体的轴心抗拉强度平均值、弯曲抗拉强度平均值和抗剪强度平均值应按表 9-2 确定。

其中砌块砌体抗剪强度平均值应按式（9-9）计算

$$f_{v,m} = k_5\sqrt{f_2} \tag{9-9}$$

式中　$f_{v,m}$——试件抗剪强度平均值（N/mm²）；

　　　k_5——与砌体种类有关的参数，对于混凝土砌块砌体取 0.069；

　　　f_2——砂浆抗压强度平均值（N/mm²）。

表 9-2　各类砌体强度平均值表

砌体种类	$f_{t,m}=k_3\sqrt{f_2}$	$f_{tm,m}=k_4\sqrt{f_2}$		$f_{v,m}=k_5\sqrt{f_2}$
	k_3	k_4		k_5
		沿齿缝	沿通缝	
烧结普通砖、烧结多孔砖、混凝土普通砖、混凝土多孔砖	0.141	0.250	0.125	0.125
蒸压灰砂普通砖、蒸压粉煤灰普通砖	0.09	0.18	0.09	0.09
混凝土砌块	0.069	0.081	0.056	0.069
毛石料	0.075	0.113	—	0.188

3）根据《砌体结构设计规范》（GB 50003—2011）中关于砌体计算指标的有关规定，单排孔混凝土砌块对孔砌筑时，灌孔砌体的抗剪强度设计值 f_{vg}，应按式（9-10）计算：

$$f_{vg} = 0.2f_g^{0.55} \tag{9-10}$$

式中　f_{vg}——灌孔砌体的抗剪强度设计值（N/mm²）；

　　　f_g——灌孔砌体的抗压强度设计值（MPa）。

9.4.2　抗剪强度计算公式分析及修正

（1）KX 系列

通过公式（9-8）计算得到 KX 系列砌块砌体抗剪强度试验值 $f_{v,i}$ 列于表 9-3 中，从表中可以得到试验值 $f_{v,i}$ 的平均值为 0.173MPa，变异系数为 0.131，说明试验值的离散性较大。通过公式（9-9）计算得到 KX 系列砌块砌体抗剪强度平均值 $f_{v,m}$ 为 0.190MPa。然后得到规范值 $f_{v,m}$ 与试验值 $f_{v,i}$ 的比值即 $f_{v,m}/f_{v,i}$，经数据回归分析，将公式（9-9）中的系数 k_5 修正为 $k_{5-1}=0.063$，利用修正后的系数 k_{5-1}，再次计算抗剪强度平均值记为调整值 $f_{v,m1}$，并计算调整值 $f_{v,m1}$ 与试验值 $f_{v,i}$ 的比值即 $f_{v,m1}/f_{v,i}$，得到变异系数为 0.014，相比 $f_{v,m}/f_{v,i}$ 变异系数 0.131 大大减小，说明与试验值吻合良好，因此将 k_5 修正为 0.063。

表 9-3　KX 系列砌块砌体抗剪结果比较

试件编号	破坏荷载 N_v	试验值 $f_{v,i}$	规范值 $f_{v,m}$	$f_{v,m}/f_{v,i}$	k_{5-1}	调整值 $f_{v,m1}$	$f_{v,m1}/f_{v,i}$
KX-1	16.160kN	0.174MPa	0.190MPa	1.093	0.063	0.175MPa	0.920
KX-2	18.590kN	0.200MPa	0.190MPa	0.951	0.063	0.172MPa	0.905
KX-3	13.270kN	0.143MPa	0.190MPa	1.332	0.063	0.168MPa	0.884
KX-4	16.050kN	0.173MPa	0.190MPa	1.101	0.063	0.173MPa	0.911
KX-5	18.110kN	0.195MPa	0.190MPa	0.976	0.063	0.172MPa	0.908
KX-6	14.100kN	0.152MPa	0.190MPa	1.253	0.063	0.174MPa	0.917
均值	16.047kN	0.173MPa	0.190MPa	1.101	0.063	0.172MPa	0.907
变异系数	0.131	0.131	0.000	0.137	0.000	0.014	0.014

（2）NJ 系列

同样，对 NJ 系列砌块砌体的抗剪平均强度计算公式进行回归分析，计算结果列于表 9-4 中，通过对 $f_{v,m2}/f_{v,i}$ 与 $f_{v,m}/f_{v,i}$ 的变异系数进行比较，0.094 较 0.097 相差不大，综合考虑了混凝土空心砌块砌体受剪强度的离散性、试验方法以及砌筑施工操作水平等影响因素，仍保留规范建议值 0.069。

表 9-4　NJ 系列砌块砌体抗剪结果比较

试件编号	破坏荷载 N_v	试验值 $f_{v,i}$	规范值 $f_{v,m}$	$f_{v,m}/f_{v,i}$	k_{5-2}	调整值 $f_{v,m2}$	$f_{v,m2}/f_{v,i}$
NJ-1	19.120kN	0.206MPa	0.190MPa	0.924	0.070	0.188MPa	0.913
NJ-2	17.960kN	0.193MPa	0.190MPa	0.984	0.070	0.194MPa	1.002
NJ-3	14.830kN	0.159MPa	0.190MPa	1.192	0.070	0.187MPa	1.175
NJ-4	17.110kN	0.184MPa	0.190MPa	1.033	0.070	0.189MPa	1.025
NJ-5	17.760kN	0.191MPa	0.190MPa	0.995	0.070	0.192MPa	1.008
NJ-6	19.760kN	0.212MPa	0.190MPa	0.894	0.070	0.195MPa	0.917
均值	17.757kN	0.191MPa	0.190MPa	0.995	0.070	0.194MPa	1.018
变异系数	0.097	0.097	0.000	0.097	0.000	0.017	0.094

（3）GX 系列

规范规定对于单排孔砌块灌孔砌体利用公式（9-10）计算其抗剪强度设计值，而对于多排孔砌块灌孔砌体则没有明确规定，为分析得出新型混凝土砌块灌孔砌体抗剪强度设计值计算公式，现仍利用公式（9-10）计算 GX 系列抗剪强度设计值 f_{vg} 列于表9-5中，通过计算 $f_{vg}/f_{v,i}$ 的平均值为 0.832，说明公式（9-10）得出的抗剪强度设计值小于试验值。将公式（9-10）及试验值绘于图 9-8 中，可以看出试验值大于设计值，试验值均位于图线的上方，说明试验值位于抗剪强度安全一侧，仍可沿用公式（9-10）计算新型混凝土砌块灌孔砌体的抗剪强度设计值。

表 9-5　GX 系列砌块砌体抗剪结果比较

试件编号	初裂荷载 P_{cr}	破坏荷载 P_u	P_{cr}/P_u	试验值 $f_{v,i}$	设计值 f_{vg}	$f_{vg}/f_{v,i}$
GX-1	48.850kN	87.520kN	0.558	0.941MPa	0.700MPa	0.745
GX-2	58.650kN	70.660kN	0.830	0.759MPa	0.700MPa	0.922
GX-3	66.020kN	76.120kN	0.867	0.818MPa	0.700MPa	0.856
GX-4	60.960kN	80.210kN	0.760	0.861MPa	0.700MPa	0.813
GX-5	87.810kN	93.420kN	0.940	1.003MPa	0.700MPa	0.698
GX-6	59.060kN	67.880kN	0.870	0.729MPa	0.700MPa	0.960
均值	63.560kN	79.302kN	0.804	0.852MPa	0.700MPa	0.832
变异系数	0.207	0.124	0.167	0.124	0.000	0.121

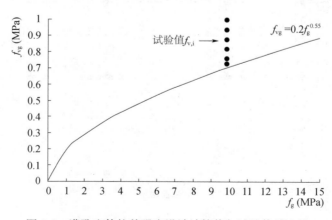

图 9-8　灌孔砌体抗剪强度设计计算值与试验值的比较

第10章 村镇建筑结构抗震与节能

本章以单层层高超限、设置大开间体现典型村镇自建建筑不规则特性的自保温暗骨架承重墙结构体系为研究对象，开展了脉动法试验测试结构振动特性；基于有限元平台建立三维精细化模型进行模态分析，在验证有限元模态分析准确的基础之上，讨论了芯柱、水平条带组成的钢筋混凝土暗骨架对结构振动特性的影响，并进行了反应谱分析、动力弹塑性分析，明确结构的屈服机制，可为自保温暗骨架承重墙结构体系动力特性和抗震性能研究提供借鉴。最后，还结合试点建筑实测结果，开展了建筑节能性能评价。

10.1 工程概况

某单层自保温暗骨架承重墙结构体系，设置大开间、层高超限，属不规则结构，体现典型村镇砌体的动力特性。为提高整体结构抗震性能，在墙体高度3.2m、4.6m处分别设置水平条带，在纵横墙体交接处、纵横墙体中部设置加密间距的芯柱。建筑平面、立面、剖面如图10-1所示。该建筑主要块材为混凝土夹心秸秆砌块，即将保温隔热材料-秸秆压缩块置于混凝土空心砌块孔腔内。

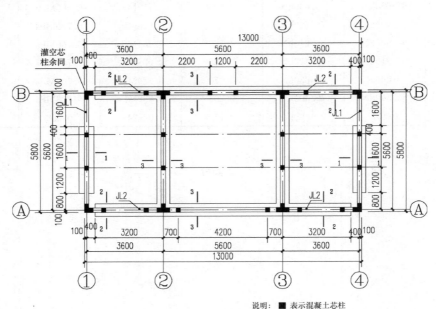

说明：■ 表示混凝土芯柱

(a) 平面图

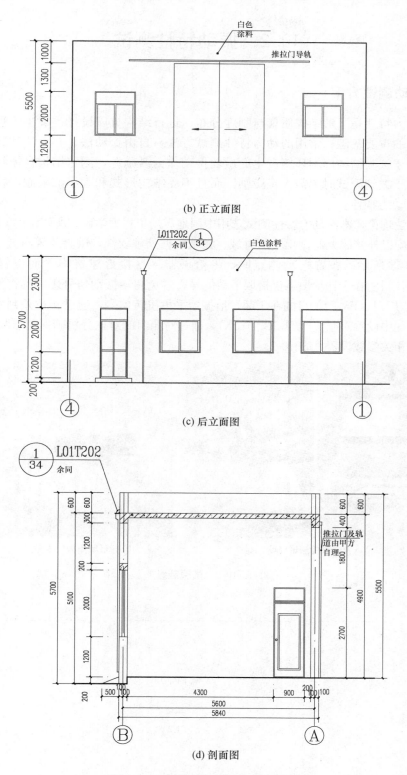

(b) 正立面图

(c) 后立面图

(d) 剖面图

图 10-1 建筑平面、立面、剖面图

10.2 振动特性测试

10.2.1 振动测试方案

结构的动力特性是了解结构质量与刚度分布、进行结构抗震设计、解决工程振动问题及诊断累积损伤的重要基础。常用的动力特性测试方法有自由振动法、共振法和脉动法,其中脉动法是借助于被测结构周围环境产生的微弱振动作为激励源,测定结构自振特性。脉动法的最大优点在于振动测试时无需人工激励,而且不受结构形式和大小的限制,特别适用于测量整体结构的动力特性。

基于脉动法理论,本次动力特性测试选用中国地震局工程力学研究所研发的 941B 型超低频测振仪测试,配以外接放大器,相关的时域、频域数据处理软件,试验装置布置及相关装置如图 10-2、图 10-3 所示。布置振动测点时,将拾振器尽量接近建筑物平面位置的刚度中心(F1.1、F1.2),目的在于让拾振器仅拾取平动信号,避免扭转振动信号影响;将拾振器布置于(F4.1、F4.2、F5.1、F5.2),目的在于通过拾振器采集扭转信号,通过相位差判别结构的扭转振型。试验过程中设置对照组(F1.X,F2.X),通过对照组的对比分析确保测点测试的准确性。超低频拾振器相关参数设置见表 10-1。

(a) 试验测试现场　　　　　　　　　　(b) 超低频测振仪拾振器

图 10-2　试验装置

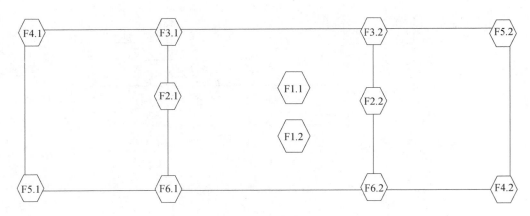

图 10-3　超低频拾振器布置方案

表 10-1　超低频拾振器相关参数设置

项目内容	拾振器编号					
	H10063	H10064	V10105	H10065	H10066	V10106
外接放大器放大倍数	1000	1000	1000	1000	1000	1000
程序放大器放大倍数	10	10	10	100	100	100
敏感度大小	0.3157	0.3201	0.3260	0.3113	0.3260	0.3235
拾取振动方向	纵向	横向	竖向	纵向	横向	竖向

10.2.2　振动测试结果分析

两个对照组测得数据基本一致，证明了测试数据的准确性。通过对振动测试时域数据进行谱分析，得到结构振动功率谱。数据分析过程中采用低通滤波方法，滤掉振动波形中明显存在噪声干扰的区段，从中读取卓越频率，获取的时域波形与频域波形如图 10-4 所示。

实测 1、2、3 阶基频分别对应自保温暗骨架承重墙试点建筑结构的纵向平动、竖向振动、横向振动三个方向，频率分别为 16.156Hz、17.447Hz、20.502Hz。由自振频率反映结构相应方向刚度原理，纵向承重墙由于存在大开洞，其抗侧刚度显著低于横向承重墙的抗侧刚度，竖向刚度由于建筑层高较高而低于横向承重墙的抗侧刚度。振动测试试验结果反映出该结构刚度与质量分布特性。

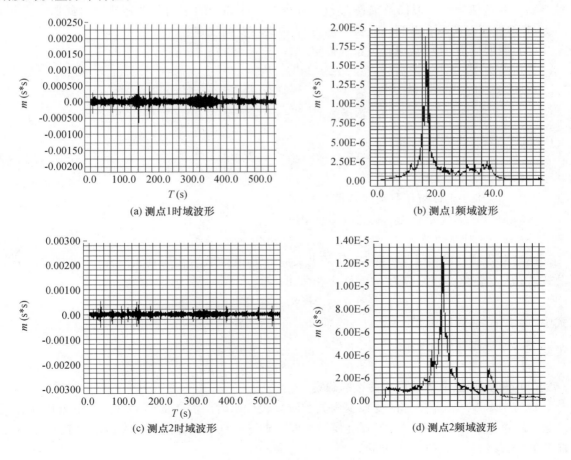

(a) 测点1时域波形　　　　　　　　　　(b) 测点1频域波形

(c) 测点2时域波形　　　　　　　　　　(d) 测点2频域波形

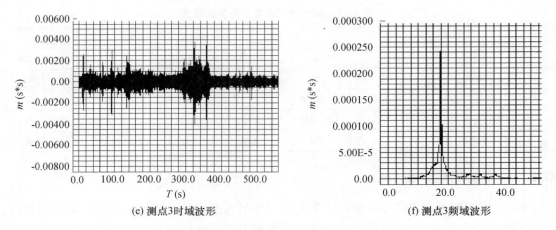

(e) 测点3时域波形　　　　　　　　　(f) 测点3频域波形

图 10-4　测点时域、频域波形

10.3　有限元模型建立

10.3.1　材料本构关系的选取

　　自保温暗骨架承重墙采用整体式建模，其材料采用混凝土损伤塑性模型。混凝土损伤塑性模型主要包括塑性、损伤及损伤与塑性耦合。塑性部分的本构关系定义通过屈服（受压）应力-非弹性应变关系、开裂（受拉）应力-非弹性应变曲线建立。

　　（1）屈服应力-非弹性应变关系的确定

　　受压应力-应变曲线依据公式（10-1）、（10-2），

　　当 $\xi \leqslant \xi_0$ 时，

$$\delta / f_m = 1.15(\xi/\xi_0) - 0.15(\xi/\xi_0)^2 \tag{10-1}$$

　　当 $\xi_0 \leqslant \xi \leqslant 6\xi_0$ 时，

$$\delta / f_m = 1.3 - 0.2(\xi/\xi_0) \tag{10-2}$$

式中　ξ_0——峰值应变；

　　　f_m——砌块砌体抗压强度平均值（MPa）；

　　　δ——应力-应变曲线上某点应力（MPa）；

　　　ξ——δ 对应的应变。

　　通过由公式（10-1）、（10-2）获得的名义应力-应变曲线转化为真实应力-应变曲线，采用公式（10-3）转化为屈服应力-非弹性应变曲线。

$$\xi_{in} = \xi_{true} - \delta / E_0 \tag{10-3}$$

式中　ξ_{in}——非弹性应变；

　　　ξ_{true}——真实应变；

　　　E_0——弹性模量。

　　（2）开裂应力-非弹性应变关系的确定

　　目前学术界对承重墙体的受拉本构关系研究较少，砌块墙体的开裂多由灰缝处砂浆开裂引起。取承重墙体的受拉、受压弹性模量相同，砌体一旦开裂即进入塑性阶段，其应力-应变曲线如公式（10-4）、（10-5）所示。

当 $\xi \leqslant \xi_0$ 时，

$$\xi = \sigma/E \tag{10-4}$$

当 $\xi \geqslant \xi_0$ 时，

$$\delta/f_{tm} = \frac{\xi/\xi_t}{2\,(\xi/\xi_t - 1)^{1.7} + \xi/\xi_t} \tag{10-5}$$

式中　δ、ξ——受拉应力-应变曲线上任意一点的应力和应变；

　　　　f_{tm}、ξ_t——砌体轴心受拉强度的平均值和相应的应变。

（3）芯柱、水平条带本构关系的选取

芯柱插筋为 $1\Phi 14$、水平条带中钢筋为 $4\Phi 10$，芯柱中的插筋、水平条带中的钢筋采用随动硬化模型，芯柱与水平条带混凝土强度等级为 C30，其本构关系通过混凝土塑性损伤模型与混凝土结构设计规范相结合，计算确定屈服应力-非弹性应变关系、开裂应力-非弹性应变关系曲线、损伤因子，其中混凝土、钢筋的强度取值均为平均值，由标准值换算得到。

10.3.2　单元选取与模型建立

基于有限元软件考虑节能承重砌块的详细构造，建立三维精细化有限元模型。其中墙体采用分层壳单元，芯柱、水平条带采用三维八节点"等参"单元，芯柱中的插筋、水平条带中的纵筋、箍筋采用杆单元定义，采用接触关系嵌入到实体单元中，墙体中拉结钢筋的设置采用壳单元的增强功能定义。在模型的接触关系中，水平条带与墙体、芯柱与墙体的接触关系采用约束方程建立实体单元与壳单元耦合。所建立的有限元模型如图 10-5 所示。考虑女儿墙对结构刚度影响较少及避免模态分析过程中其引起的局部振型，仅在楼板上部女儿墙位置处施加非结构质量（nonstructural mass）以考虑女儿墙对质量矩阵的贡献。

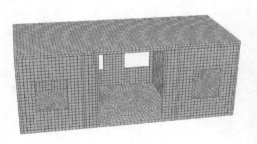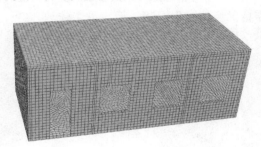

(a) 正视图　　　　　　　　　　　　　　　　　(b) 后视图

图 10-5　有限元模型

10.4　模态分析

采用子空间迭代算法提取结构周期和振型，与振动测试对比分析，结果表明：有限元模拟与脉动法实测结果吻合较好，反映出结构的动力特性。在此基础之上，进行拓展分析，共建立五种不同钢筋混凝土暗骨架布置形式的有限元模型：模型 1 为脉动法测试建筑（含两道水平条带、多道芯柱）；模型 2 为墙体中部（标高 3.6m 处）无水平条带-无芯柱建筑；模型 3 为墙体中部（标高 3.6m 处）设置水平条带-无芯柱建筑；模型 4 为墙体中部（标高 3.6m 处）不设置水平条带-仅纵横墙体交接处设置芯柱建筑；模型 5 墙体中部（标高 3.6m 处）设置水平条带-仅纵横墙体交接处设置芯柱建筑。表 10-2 给出 5 种不同钢筋混凝土暗骨架布置形式对应模型的前三阶自振频率，由于篇幅限制，仅给出模型 1 前三阶振型图（图 10-6）。

表 10-2　不同模型自振频率

自振频率	模型 1		模型 2	模型 3	模型 4	模型 5
	实测	模拟				
基频 1/Hz	16.15	15.04	10.86	11.90	12.48	14.02
基频 2/Hz	17.45	16.79	14.06	15.68	14.51	16.12
基频 3/Hz	20.50	19.21	15.48	17.39	15.96	17.97
相对误差	—	6.9%	32.8%	27.3%	22.7%	13.2%

由表 10-2 可知：芯柱、水平条带组成的钢筋混凝土暗骨架可较大程度提高结构抗侧刚度，增强结构的"鲁棒性"和协同工作性能；单层自保温暗骨架承重墙结构自振周期可能小于 0.1s，位于设计反应谱上升段，而非平台段，按照我国抗震规范的底部剪力法计算结果偏于安全，但考虑结构在地震作用下结构刚度降低，周期延长，按照平台段进行设计是合理的；单层自保温暗骨架承重墙结构自振周期较短，与高层建筑振动特性（自振周期多位于设计反应谱曲线下降段，多大于 2s）有较大差别；由模型 1、模型 2 自振周期的对比分析可知，减少钢筋混凝土暗骨架的设置后自振周期延长 32.8%，同时会增大该结构在多遇地震作用下的响应。

通过有限元模态分析与工程测试比较分析可知，模态分析与实测误差最大为 6.9%，但结构振型相似。分析误差产生的原因在于有限元模型中忽略了节能承重墙体中秸秆压缩块及其上部抹平砂浆对墙体弹性模量、抗侧刚度的提高作用。自保温暗骨架承重墙由于砌块孔腔内部秸秆压缩块与抹平砂浆的存在使其弹性模量、抗剪性能明显不同于混凝土空心砌块砌体。如需精确模拟自保温暗骨架承重墙的动力特性，秸秆压缩块及抹平砂浆的贡献不可忽略，与文献（Kim，2012）采用压缩秸秆捆作为承重墙研究理论吻合。

(a) 1 阶振型-纵向平动　　　　(b) 2 阶振型-竖向振动　　　　(c) 3 阶振型-横向平动

图 10-6　模型 1 振型图

10.5　反应谱分析

对上述 5 种不同有限元模型分别进行 7 度多遇地震作用下的反应谱分析，以探讨钢筋混凝土暗骨架布置形式对抗震性能的影响。由于通用有限元不能直接将荷载转换为质量源，需将 1.0 倍的屋面附加恒载（不包括楼板自重）与 0.5 倍的雪荷载换算为非结构质量源施加于屋面板上，形成质量矩阵，拓展分析得到不同钢筋混凝土布置形式的暗骨架承重墙剪应力，见表 10-3。

表 10-3　不同构造措施模型最大剪应力值

应力	模型 1	模型 2	模型 3	模型 4	模型 5
剪应力/MPa	0.62	1.83	1.76	0.77	0.68

由模型 1 与模型 2 可知，增设芯柱、水平条带后，模型 1 中的剪应力较模型 2 中的剪应力下降明显，下降值为 66.1%，平面内剪应力分布更加均匀，门窗洞口处的应力集中现象减少，纵向墙体侧移降低明显；由模型 2 与模型 5 的比较可知，芯柱能够显著提高墙体抗剪能力，峰值应力下降值为 62.8%。由模型 3 与模型 5 中剪应力的对比可知，水平条带对墙体的抗剪能力有一定提高作用；从横墙平面外侧移可知，水平条带对于保持墙体平面外的稳定性有重要作用。

10.6　动力弹塑性分析

10.6.1　地震荷载施加与算法选择

载荷的施加分为两步，即重力荷载的施加、地震作用的施加，以考虑静（动）载作用下结构响应。将地震作用分别施加于结构纵向和横向，通过对地震波加速度进行调幅，以满足抗震设防七度区罕遇地震要求。选择显式动力求解器双精度求解，尽量避免截断误差累积。

10.6.2　地震作用下结构拉压损伤分析

（1）纵向地震作用下受拉损伤分析

通过对实际工程相应模型（模型 1）输入纵向地震动，分析结构受拉损伤演化过程，了解结构的损伤机制，获得的损伤演化云图如图 10-7 所示。

(a) 初始损伤时刻（正视图）

(b) 损伤最严重时刻（正视图）

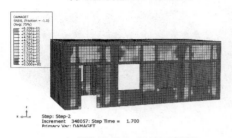
(c) 损伤最严重时刻（后视图）

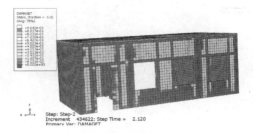
(d) 受拉损伤刚度恢复时（后视图）

图 10-7　受拉损伤演化云图（DAMAGET 云图）

根据对受压、受拉损伤因子的定义，通过损伤云图 10-7 分析暗骨架承重墙结构模型 1 在罕遇地震作用下损伤破坏模式：首先门窗洞口处墙体产生受拉损伤，随后中间部位的窗间墙也进入受拉损伤状态，芯柱与芯柱之间、水平条带与水平条带之间墙体产生损伤；芯柱与水平条带组成的暗骨架很好地约束承重墙的变形，起到控制侧向变形的作用；而楼板处产生的拉压损伤主要局限于楼板与水平条带交界处，损伤因子与塑性应变较小。

（2）纵向地震作用下受压损伤分析

通过对实际工程相应模型（模型 1）输入纵向地震动，分析结构受压损伤演化过程，了解结构的损伤机制，获得的损伤演化云图如图 10-8 所示。

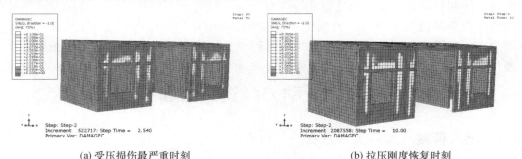

(a) 受压损伤最严重时刻　　　　　　　　(b) 拉压刚度恢复时刻

图 10-8　纵向地震作用下受压损伤演化云图

通过对受压损伤云图 10-8 进行分析，自保温暗骨架承重墙结构的受压损伤主要集中于钢筋混凝土暗骨架外侧砌块壁肋。芯柱与水平条带外侧的混凝土砌块外壁受压损伤明显，内部钢筋混凝土暗骨架损伤程度较弱。随着地震动的增大，钢筋混凝土暗骨架与砌块外壁的协同工作机制逐渐退出，主要原因在于钢筋混凝土暗骨架与砌块墙体的弹性模量与变形能力差距较大，出现变形不协调现象。

与受拉损伤不同在于，受压损伤程度相对较轻，受压损伤主要集中于钢筋混凝土暗骨架位置处的混凝土砌块外壁处，受拉损伤主要集中于节能承重墙体位置处。由于受拉产生的裂缝产生受压闭合，受压损伤因子得到一定的恢复，暗骨架承重墙体的损伤破坏主要原因仍是受拉损伤破坏。采用混凝土损伤塑性模型定义的拉压损伤因子描述拉压刚度恢复从一定程度上揭示了"建筑震害"中"酥而不倒"的现象。

（3）横向地震作用下结构损伤分析

通过对实际工程相应模型（模型 1）输入横向地震动，分析结构损伤演化过程，了解结构的横向地震响应，获得的损伤云图如图 10-9 所示。

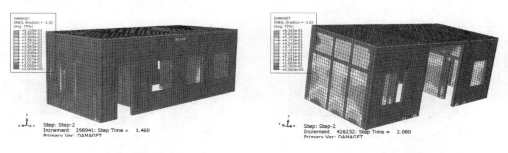

(a) 受压损伤云图　　　　　　　　　　　(b) 受拉损伤云图

图 10-9　横向地震作用下损伤云图

横向地震作用下，横向墙体受拉损伤较纵向地震作用下纵向墙体损伤较轻；横向地震作用下结构的受力转化机制同纵向地震作用下的受力转化机制相同，由损伤云图 10-9（b）可以看出，墙体受拉损伤较为严重，钢筋混凝土暗骨架损伤较轻，约束增强作用较为明显，支撑整个结构。

10.6.3 地震作用下结构应力分析

(1) 纵向地震作用下应力分析

为分析结构在地震动作用下的应力变化，提取自保温暗骨架承重墙结构在地震动作用下的应力云图（图 10-10）进行分析。

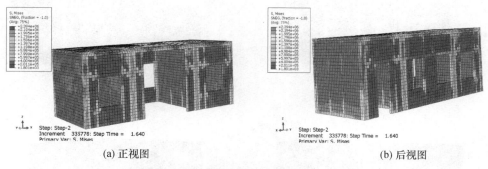

| (a) 正视图 | (b) 后视图 |

图 10-10 纵向地震作用下整体结构应力云图

分析图 10-10 可知，随着地震动的增强，承重墙体应力较大处多位于钢筋混凝土暗骨架处，未浇筑混凝土的墙体应力相对较小，分析原因在于钢筋混凝土暗骨架较墙体刚度大，吸收、分配了较大的地震作用。为更好地分析该结构体系内部钢筋混凝土暗骨架的受力机制，通过将外部砌块墙体消隐，提取了墙体内部的钢筋混凝土暗骨架的应力云图，如图 10-11 所示。分析可知，随着地震动强度的增大，钢筋混凝土暗骨架中芯柱根部应力逐渐增大，柱脚处芯柱应力最大，混凝土有被压碎的可能；芯柱与水平条带处的节点也出现应力集中现象，节点处应力明显，应对节点做适当加强，以满足"强节点弱构件"的抗震要求。

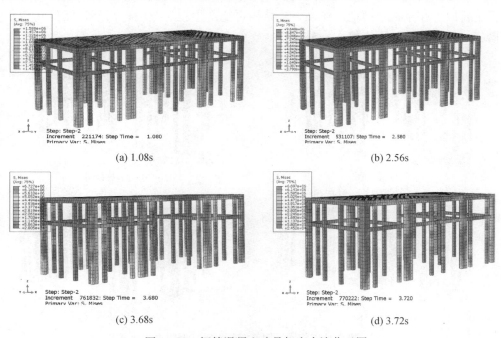

| (a) 1.08s | (b) 2.56s |
| (c) 3.68s | (d) 3.72s |

图 10-11 钢筋混凝土暗骨架应力演化云图

(2) 横向地震动作用下结构应力分析

为分析结构在横向地震动作用下的应力变化，通过提取暗骨架承重墙结构在地震动作用下的应力云图进行分析，如图 10-12。分析可知，由于该建筑功能需要，在中部设有大开洞，中间大开洞楼板荷载直接由大开洞上部水平条带承担，而在动力荷载作用下水平条带兼做过梁，承受荷载增大，应力显著增加，成为结构在大震作用下的主要薄弱环节之一。

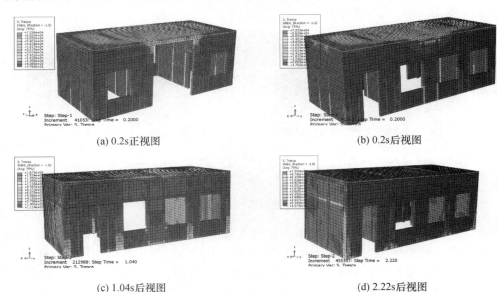

(a) 0.2s正视图   (b) 0.2s后视图

(c) 1.04s后视图   (d) 2.22s后视图

图 10-12 横向地震作用下整体结构应力演化云图

通过对横向地震作用下钢筋混凝土暗骨架应力演化云图的分析（图 10-13），钢筋混凝土芯柱根部应力逐渐增大，在纵横墙交接处应力集中现象较为明显，纵横墙交接处所受应力较大，分析主要原因在于在单向地震作用下，结构可能产生扭转效应；由于该结构在转角处做了加强措施，转角处芯柱刚度较大，分配的地震剪力相应提高。

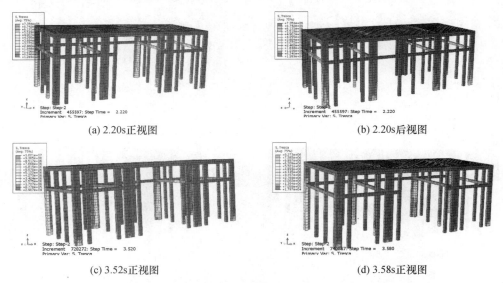

(a) 2.20s正视图   (b) 2.20s后视图

(c) 3.52s正视图   (d) 3.58s正视图

图 10-13 横向地震作用下钢筋混凝土暗骨架应力演化云图

10.6.4　地震作用下结构应变分析

通过对应变云图（图 10-14）演化过程分析可知，在横向地震作用下，中部窗间墙首先产生较大应变；随着地震作用的增大，窗下墙也产生了明显应变，纵横墙体交接处也产生了较大应变，较大应变分布于节能承重墙体处，钢筋混凝土暗骨架处应变相对较小；钢筋混凝土暗骨架对节能承重墙体的变形起到一定的约束作用，防止因墙体产生过大变形而引起倒塌。

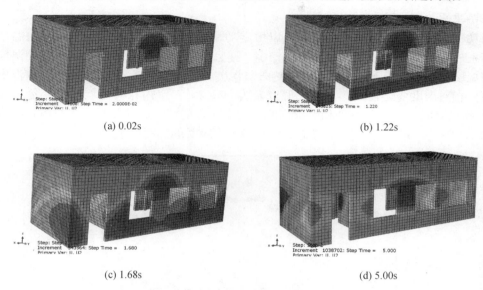

(a) 0.02s　　　　　　　　　　　　　　　(b) 1.22s

(c) 1.68s　　　　　　　　　　　　　　　(d) 5.00s

图 10-14　横向地震作用下应变演化过程

10.7　保温节能性能测试与评价

10.7.1　试验概况

试验在自保温暗骨架承重墙建筑房间 a 中进行（图 10-15），在冬季和夏季两个时间段完成。冬季试验于 2014 年 2 月至 3 月展开，利用两台额定功率为 2500W 的暖风机对房屋进行供暖，第一阶段为恒功率供暖，设定暖风机功率为 2500W；第二阶段为恒温度供暖，设定温度为 18℃。夏季试验于 2014 年 8 月进行，利用空调对房屋进行夏季制冷，制冷温度设定为 26℃。试验连续测量 7d，期间记录室内外的温（湿）度以及用电量。

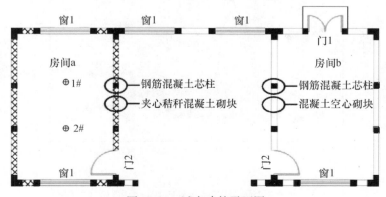

图 10-15　试点建筑平面图

在测试房间 a 内，布置 1♯、2♯ 两个温（湿）度采集点，每个采集点距离地面 70cm，不受室内热源直接影响，如图 10-15 所示。在室外布置 3♯ 温（湿）度采集点，该点不受阳光直射。试验采用 SHT15 温（湿）度传感器［温（湿）度测量精度分别为 ±0.3℃ 和 ±2%］，采集仪为 SM1210B 模块，采集数据由相应软件每隔 10min 记录一次。试验结束后，取 1♯ 和 2♯ 测点的平均值作为室内温（湿）度的值。

10.7.2　试验结果与分析

(1) 冬季恒功率试验

在恒功率试验阶段，设定两台暖风机以恒定功率运行，由图 10-16 可得，室内温度的变化趋势与室外温度基本一致，但变化幅度较小，并且具有一定的滞后性。随着室外温度的上升，室内温度也呈逐渐上升趋势，最大室内外日温差分别为 2.06℃ 和 6.01℃，室内温度较为稳定。室外相对湿度变化较大，日最大湿度差为 30.02%；室内相对湿度变化幅度不大，均在 30%～40% 之间，并且随室外相对湿度的变化有一定的波动。在恒功率运行时，室内最高温度达到 26.64℃，超过表 10-4 中热舒适度等级为 Ⅰ 级时的温度要求。

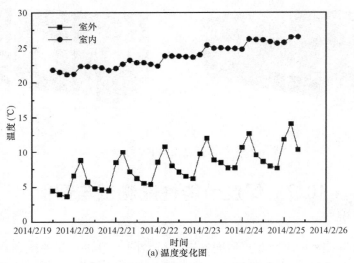

(a) 温度变化图

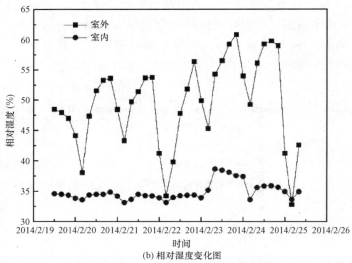

(b) 相对湿度变化图

图 10-16　冬季恒功率试验时室内外温度和相对湿度变化图

表 10-4　民用建筑长期逗留区域空气调节室内计算参数

季节	热舒适度等级	温度（℃）	相对湿度（%）
冬季	Ⅰ级	22~24	30~60
	Ⅱ级	18~21	≤60
夏季	Ⅰ级	24~26	40~70
	Ⅱ级	27~28	

（2）冬季恒温度试验

冬季恒温度试验时，设置室内温度为 18℃。由图 10-17 可知，室内温度变动幅度较为平缓，最大日温差为 1.7℃，室外温度波动较大，最大日温差为 19.17℃。室内相对湿度在40%上下有小幅波动，日最大湿度差为 5.93%，基本不受室外相对湿度变化的影响。室外相对湿度变化范围较大，最大值为 63.52%，出现在 3 月 11 日凌晨 5：00 左右；最低值为9.55%，出现在 3 月 14 日 15：00~16：00 之间。室内温（湿）度基本稳定，满足《民用建筑供暖通风与空气调节设计规范》（GB 50736—2012）冬季热舒适度等级为Ⅱ级时的空气参数要求（表 10-4）。

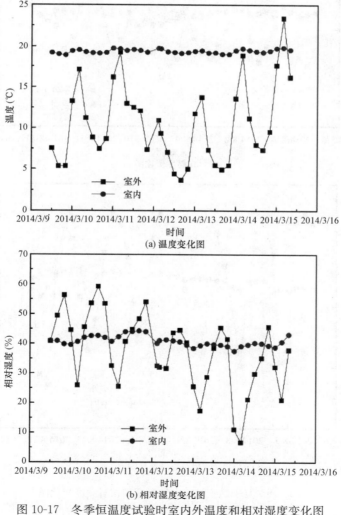

(a) 温度变化图

(b) 相对湿度变化图

图 10-17　冬季恒温度试验时室内外温度和相对湿度变化图

（3）夏季试验

夏季试验时，室内温度使用空调器维持在26℃。由图10-18可知，夏季室外温度波动幅度较大，最高温度达到36.78℃，最大日温差为14.6℃，室内温度维持在26℃左右，受室外温度变化的影响极小。夏季室外相对湿度变化极大，最高值可达93.02%，出现在8月11日凌晨3：00～6：00；最低值为19.98%，出现在8月12日午后14：00～15：00，最大日湿度差为67.83%。而室内相对湿度受室外环境影响较小，相对湿度基本维持在60%～70%，满足《民用建筑供暖通风与空气调节设计规范》（GB 50736—2012）中夏季热舒适度等级为I级时的空气参数要求。

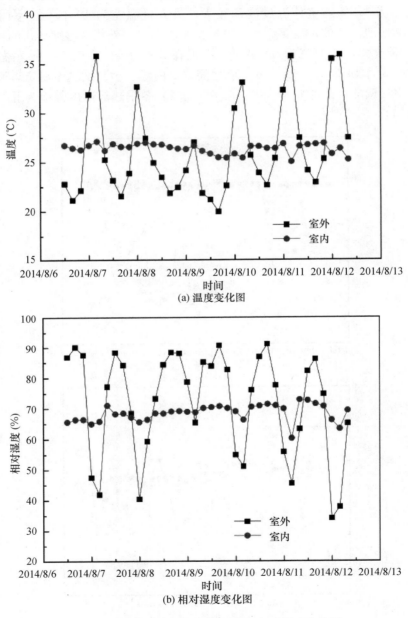

(a) 温度变化图

(b) 相对湿度变化图

图 10-18　夏季试验时室内外温度和相对湿度变化图

(4) 耗电量分析

试验过程中每日记录电表数据，通过计算可得不同试验条件下的日平均耗电量（表10-5）。由表10-5可知，冬季采暖的日平均耗电量远远超过夏季空调（尤其是恒功率试验条件，远超过恒温度的日平均耗电量）。根据《山东省居住建筑节能设计标准》（DB37 5026—2014）规定，泰安地区的冬季耗热量指标为 $13.3W/m^2$，而在设定 18℃ 恒温供暖条件下，试点建筑耗热量指标为 $56.30W/m^2$，未满足节能标准的要求，这说明暖风机采暖能源浪费严重，不适合农村住宅冬季采暖。

表 10-5　日平均耗电量统计表

季节	冬季（恒功率）	冬季（恒温度）	夏季
日平均耗电量（kW・h）	94	29	1.5
能量指标（W/m²）	182.51	56.30	2.91

10.7.3　DeST 能耗模拟分析

DeST（Designer's Simulation Toolkit）是面向各类建筑的能耗模拟、性能预测及评估并集成于 AUTO-CAD 上的辅助设计计算软件，它集成了建筑能耗、日照采光、自然及机械通风、室内温（湿）度、空调负荷、空调系统、冷热源及水网模拟等多个计算模块，能够对建筑室内热湿环境等参数、建筑环境控制系统以及设备运行状况和建筑运行能耗进行全年逐时模拟计算。

本文采用 DeST 软件对夹心秸秆混凝土墙和建筑标准外墙（DeST 软件系统默认）进行模拟，并对模拟结果进行对比分析。试点建筑的主要参数：建筑的层高为 4.9m，东西向长度为 5.8m，南北向宽度为 3.7m，朝向为北向。窗户为东西开窗，窗户离地高度为 1.2m，长 1.8m，高度为 2m。夹心秸秆混凝土墙和建筑标准外墙的具体参数见表 10-6，表 10-6 中夹心秸秆混凝土砌块墙的传热系数由前期试验得到，建筑标准外墙的具体参数由 DeST 软件系统提供。

建筑能耗模拟所需要的输入计算参数主要包括建筑内部热扰参数、通风空调作息表、室内环境控制参数等，该试点建筑这些计算参数的选取参照《山东省居住建筑节能设计标准》进行设置。试点建筑的三维视图如图 10-19 所示。

表 10-6　两种外墙的具体参数

外墙类型	主要材料		传热系数 W/(m²・K)
	材料名称	厚度（mm）	
夹心秸秆混凝土砌块墙	水泥砂浆	10	0.44
	碎石混凝土	30	
	小麦秸秆压缩块	130	
建筑标准外墙	碎石混凝土	30	1.01
	水泥砂浆	10	
	钢筋混凝土	200	
	膨胀聚苯板	32	

图 10-20 为模拟计算结果，分析可得外墙墙体材料对建筑能耗指标的影响显著，相对于建筑标准外墙，夹心秸秆混凝土砌块墙体的节能效果为 24.62%，节能效果明显，并且混凝

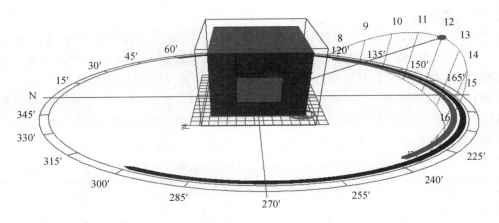

图 10-19 试点建筑的三维视图

土夹心秸秆砌块制作简单，成本较低，是可以广泛应用的墙体材料。从中还可以得到，北方地区的冬季采暖能耗高于夏季空调能耗，说明建筑节能应该着重从冬季采暖方面入手。

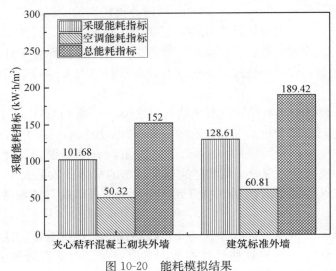

图 10-20 能耗模拟结果

参考文献

［1］ Chau C K，Chan J，Li Z. Influences of fly ash on magnesium oxychloride mortar ［J］. Cement and Concrete Composites，2009，31（4）：250-254.

［2］ Chu S S，Fang T H，Chang W J. Modelling of coupled heat and moisture transfer in porous construction materials ［J］. Mathematical and Computer Modelling，2009，50（7-8）：1195-1204.

［3］ Colinart T，Lelievre D，Glouannec P. Experimental and numerical analysis of the transient hygrothermal behavior of multilayered hemp concrete wall ［J］. Energy and Buildings，2016，112：1-11.

［4］ Hou S，Liu F，Wang S，et al. Coupled heat and moisture transfer in hollow concrete block wall filled with compressed straw bricks ［J］. Energy and Buildings，2017，135：74-84.

［5］ Kim Y J，Reberg A，Hossain M. Bio-building materials for load-bearing applications：conceptual development of reinforced plastered straw bale composite sandwich walls ［J］. Journal of Performance of Constructed Facilities，2011，26（1）：38-45.

［6］ Shariah A，Tashtoush B，Rousan A. Cooling and heating loads in residential buildings in Jordan ［J］. Energy and Buildings，1997，26（2）：137-143.

［7］ Wang S，Liu F，Sun T，et al. Experimental study on the axial compression capacity of condensed column in composite masonry wall ［J］. Advanced Materials Research，2011，243-249：578-583.

［8］ 陈友明，邓永强，郭兴国，等. 建筑围护结构热湿耦合传递特性实验研究与分析 ［J］. 湖南大学学报（自然科学版），2010，37（04）：11-16.

［9］ 陈肇元. 汶川地震建筑震害调查与灾后重建分析报告 ［M］. 北京：中国建筑工业出版社，2008.

［10］ 崔兆彦. 自保温暗骨架承重墙局部受压试验研究和理论分析 ［D］. 泰安：山东农业大学，2015.

［11］ 丁力行，屈高林，郭卉. 建筑热工及环境测试技术 ［M］. 北京：机械工业出版社，2006.

［12］ 范军，王宏斌，刘福胜，等. 小麦秸秆压缩块吸放湿性能实验研究 ［J］. 新型建筑材料，2013，40（08）：48-49＋71.

［13］ 封凌竹，刘福胜，岳强，等. 小麦秸秆-镁水泥复合保温砂浆配合比正交试验研究 ［J］. 新型建筑材料，2016，43（10）：69-72.

［14］ 封凌竹. 小麦秸秆—镁水泥复合保温砂浆研制及性能研究 ［D］. 泰安：山东农业大学，2016.

［15］ 付祥钊. 夏热冬冷地区建筑节能技术 ［M］. 北京：中国建筑工业出版社，2002.

[16] 何春林，龚成中．混凝土小型空心砌块的非线性力学性能［J］．建筑材料学报，2008，（02）：157-161.

[17] 侯少丹，刘福胜，范军，等．混凝土夹心秸秆砌块墙体热湿传递试验研究［J］．混凝土，2016，（12）：114-117.

[18] 侯少丹，王少杰，刘福胜，等．H 型混凝土夹芯秸秆砌块墙热湿耦合传递特性研究［J］．新型建筑材料，2017，44（02）：62-65＋106.

[19] 侯少丹，张慧瑾，刘福胜，等．夹芯秸秆混凝土砌块试点建筑保温节能性能研究［J］．新型建筑材料，2017，44（03）：56-59＋66.

[20] 侯少丹．混凝土夹心秸秆砌块墙体热湿耦合传递机制试验研究与分析［D］．泰安：山东农业大学，2017.

[21] 李红梅，金伟良，叶甲淳，等．建筑围护结构的温度场数值模拟［J］．建筑结构学报，2004，（06）：93-98.

[22] 李学梅，王继辉，翁睿，等．EVA 乳胶液对纤维增强氯氧镁水泥界面性能的影响［J］．复合材料学报，2003，（04）：67-71.

[23] 李英民，韩军，刘立平．ANSYS 在砌体结构非线性有限元分析中的应用研究［J］．土木建筑与环境工程，2006，28（5）：90-96.

[24] 刘福胜，路则光，张玉稳，等．石灰浆配比对小麦秸秆砌块尺寸变化影响规律的研究［J］．新型建筑材料，2010，37（05）：43-44＋53.

[25] 刘永，刘福胜，范军，等．混凝土秸秆砌块墙的保温性能试验研究［J］．新型建筑材料，2009，36（12）：78-79.

[26] 刘永．纤维混凝土夹心秸秆压缩块砌块墙的研究与开发［D］．泰安：山东农业大学，2010.

[27] 陆新征，叶列平，缪志伟．建筑抗震弹塑性分析［M］．北京：中国建筑工业出版社，2015.

[28] 路则光，刘福胜，张玉稳，等．小麦秸秆砌块摆放宽度间距对干燥质量的影响［J］．新型建筑材料，2012，39（02）：20-22.

[29] 马飞．混凝土夹心秸秆块砌块干燥工艺与力学性能研究［D］．泰安：山东农业大学，2011.

[30] 邱淑军，刘福胜，王少杰，等．混凝土夹芯秸秆块砌块传热特性及优化措施［J］．新型建筑材料，2011，38（09）：54-56＋66.

[31] 邱淑军．混凝土夹心秸秆砌块块型优化及墙体热工性能研究［D］．泰安：山东农业大学，2012.

[32] 施楚贤．砌体结构理论与设计［M］．北京：中国建筑工业出版社，2003.

[33] 宋计勇，刘福胜，卞汉兵，等．复合墙体热湿耦合传递模拟软件的开发与应用［J］．混凝土与水泥制品，2015，（04）：63-66.

[34] 宋计勇，刘福胜，王宏斌，等．小麦秸秆压缩块一维等温吸湿性能研究［J］．新型建筑材料，2015，42（03）：84-87＋91.

[35] 宋计勇．复合墙体热湿耦合可视化系统的开发与应用［D］．泰安：山东农业大学，2015.

[36] 孙雷，崔兆彦，王少杰，等．砌块墙体开裂过程数值模型及模拟分析［J］．防灾减灾

工程学报，2013，33（S1）：78-82.

[37] 孙雷，刘福胜，王少杰，等．短周期村镇砌体建筑振动特性实测与抗震性能分析［J］. 土木工程学报，2013，46（S2）：57-62.

[38] 孙雷．自保温暗骨架承重墙结构抗震性能研究［D］．泰安：山东农业大学，2014.

[39] 王达诠．应用 RVE 均质化方法的砌体非线性分析［D］．重庆：重庆大学，2002.

[40] 王宏斌．混凝土夹心秸秆砌块组材调湿性能试验研究［D］．泰安：山东农业大学，2013.

[41] 王金昌，陈页开．ABAQUS 在土木工程中的应用［M］．杭州：浙江大学出版社，2006.

[42] 温福胜．小麦秸秆—镁水泥复合保温砂浆耐水性能研究［D］．泰安：山东农业大学，2016.

[43] 吴聪，刘福胜，范军，等．工字型自保温混凝土夹心秸秆砌块墙体热工性能研究［J］. 混凝土，2015，（06）：127-130.

[44] 吴聪．新型内填充秸秆块复合混凝土砌块墙体热工性能研究［D］．泰安：山东农业大学，2015.

[45] 武义馨，刘福胜，赵井辉，等．新型节能承重砌块砌体抗剪强度试验研究［J］．混凝土与水泥制品，2016，（03）：67-70.

[46] 武义馨．自保温暗骨架承重墙抗剪性能试验研究与分析［D］．泰安：山东农业大学，2016.

[47] 谢晓娜，江亿．计算建筑围护结构中热桥传热的等效平板法［J］．清华大学学报（自然科学版），2008，（06）：909-913.

[48] 张朝晖．ANSYS 热分析教程与实例解析［M］．北京：中国铁道出版社，2007.

[49] 张慧瑾．混凝土夹心秸秆砌块试点建筑保温性能研究［D］．泰安：山东农业大学，2015.

[50] 张琳，刘福胜，林聪，等．玻化微珠-小麦秸秆双掺保温砂浆试验研究［J］．新型建筑材料，2013，40（07）：29-31＋39.

[51] 张琳，刘福胜，任淑霞，等．玻化微珠-小麦秸秆复合保温砂浆配合比的正交试验研究［J］．混凝土，2013，（10）：139-141＋156.

[52] 张琳，刘福胜，任淑霞，等．小麦秸秆纤维水泥基材料性能试验研究［J］．混凝土，2013，（09）：74-76＋82.

[53] 张琳．玻化微珠—小麦秸秆复合保温砂浆配制及性能研究［D］．泰安：山东农业大学，2014.

[54] 张顺轲．暗骨架节能砌块砌体受压承载性能研究［D］．泰安：山东农业大学，2013.

[55] 郑妮娜，李英民，潘毅．芯柱式构造柱约束的低层砌体结构抗震性能［J］．西南交通大学学报，2011，46（01）：24-29＋55.

[56] 周涛，王少杰，刘福胜，等．混凝土夹心秸秆块砌块砌体偏心受压承载力试验研究［J］．建筑科学，2017，33（09）：65-70.

[57] 周涛．H 型节能承重砌块砌体偏心受压性能试验研究与分析［D］．泰安：山东农业大学，2017.